新文科数据分析实操速成

—— 从入门到熟练

林海波　编著

中国财经出版传媒集团

中国财政经济出版社

图书在版编目（CIP）数据

新文科数据分析实操速成：从入门到熟练／林海波
编著. ––北京：中国财政经济出版社，2021.5
ISBN 978 – 7 – 5223 – 0450 – 2

Ⅰ.①新… Ⅱ.①林… Ⅲ.①软件工具 – 高等学校 –
教材 Ⅳ.①TP311.561

中国版本图书馆 CIP 数据核字（2021）第 051589 号

责任编辑：郭爱春　　　　　　责任校对：胡永立
封面设计：思梵星尚　　　　　　责任印制：党　辉

中国财政经济出版社 出版
URL：http：//www. cfeph. cn
E – mail：cfeph@ cfeph. cn
（版权所有　翻印必究）
社址：北京市海淀区阜成路甲 28 号　邮政编码：100142
营销中心电话：010 – 88191522
天猫网店：中国财政经济出版社旗舰店
网址：https：//zgczjjcbs. tmall. com
北京财经印刷厂印刷　各地新华书店经销
成品尺寸：170mm×240mm　16 开　14.5 印张　252 000 字
2021 年 5 月第 1 版　2021 年 6 月北京第 2 次印刷
定价：58.00 元
ISBN 978 – 7 – 5223 – 0450 – 2
（图书出现印装问题，本社负责调换，电话：010 – 88190548）
本社质量投诉电话：010 – 88190744
打击盗版举报热线：010 – 88191661　QQ：2242791300

本书的出版获得以下基金资助:

大连外国语大学 2019 年度高等教育研究课题 (2019G07) 非计算机专业大数据分析的本科教学设计

辽宁省 2019 自然科学基金 (71490735)

辽宁省 2019 哲学社会科学基金项目 (L19BGL035)

前　言

　　这是一本偏重实际软件操作的教材。之所以强调软件操作，是因为在教学实践中发现，从操作入手能够降低文科生对于数据分析的畏惧感。

　　在高中阶段，长期实行文理分科，所以有了文科生和理科生之分。这样的分类可能不够科学，但是在现实中，文科生对于数据分析的熟悉程度低于理科生是一个基本被认同的事实。本教材的受众主要是文科生，当然，对于理科生的快速上手也很有帮助。

　　作者是传统意义上的文科生，后来经过长期艰苦学习和摸索，对于统计和计量经济学有了一定的认识，发表的论文也绝大部分是实证论文。编者在学校从事数据分析的教学工作，这本教材的编写是基于课堂实践的教案修改而来，其目的是如何让不熟悉计算机的高中刚毕业的学生能迅速克服陌生感和恐惧感，使其快速找到学习的方法。这样的目的也形成了本书的特色，那就是使用11个章节介绍了五种软件的操作，大部分章节都有具体的案例，这些案例无论在商务工作还是科研工作中都能够达到一定的水准。希望学生（读者）通过这样的案例操作，能够迅速建立自信。所以，本书的编排除了第2章有些简单的公式外，其他章节则刻意回避公式类的表述。在原理讲解方面，力求简单通俗。每章后面都标有参考文献，一方面是对于知识产权的尊重，另一方面也是想引导读者在入门后更好地进行深入系统地学习。

　　本书不是一本系统性介绍数据分析的教材，而是一本各种数据分析方法的实操综合，这个实操综合是经过编者近十年的商务和科研实践，并且在教学中通过反复验证最后总结而来。为了让学生在一个学期的课时中对数据分析内容有更多的了解，所以安排了多种软件（Excel、SPSS、Stata、Mplus、ArcGIS）来实现各章节的任务设置。有些章节还特意安排了一个任务项下的多软件协同使用。

下面是内容的简单介绍，同时也体现了编者的设计思路。

第 1 章 Dashboard Excel 智能仪表盘制作及可视化的技巧（商务使用），因为智能仪表盘是一个动态的综合图表系统，通过一个多小时的操作教学，希望学生可以了解 PPT、Excel 作图和数据透视表的基本操作，并且开始接触面板数据。章节最后还给出了数据分析可视化的一些基本原则，这些内容比较适合大学一年级的新生，可以将本章知识运用到今后的课堂演讲 PPT 制作和参加各种创业竞赛的文本制作中。

第 2 章数据统计分析基本统计量（基本统计知识的展现）、第 3 章假设检验和第 4 章相关分析与回归，这三章给出了统计量的 Excel 计算方法，方便同学们根据提示进行操作。

第 5 章回归的拓展——离散选择模型、面板数据分析和分位数回归，这三个内容承接了第 3 章的回归介绍后扩展到二元因变量，使用面板数据做分位数回归。

第 6 章时间序列，因为时间序列分析是目前在金融专业商务和学术上被普遍使用的一类方法，为了避免对于残差这部分反复的讲解，所以直接使用了一套 Stata 命令完成整个事件序列的大部分常规操作，意图告诉学生，这类模型分析都是完全可以通过简单代码和指标对照来完成的。毕竟，人类社会对于时间序列的理解还是不够的，而且也存在着巨大分歧。

第 7 章因子分析和主成分分析（SPSS），因为主成分分析是大数据降维技术中的一个基础方法，所以用一个用城市排名案例来做实际操作，并且引入了 SPSS 软件的使用，从前几章的全英文界面的 Stata 到中文界面的 SPSS，是一个先难后易的过程，如果想先易后难，那么把这章提到前面去讲也没有任何问题。这样的城市排名的案例，具有时代感，并且可以有很多扩展，所以效果较好。也为同学们以后进一步学习大数据分析做了铺垫。

第 8 章准自然实验（DID，RD）体现了国内经济管理专业较新的学术研究采用的方法（从 2015 年开始国内使用这类方法的论文才大幅增加），这个方法的难点在于找到对照组，而在操作中实际是比较简单的，所以这部分内容编入入门实操教材没有任何接受上的困难。编者也是用了一个自己的论文做了一个案例。

第 9 章微观数据库的使用，介绍了一些大型社会调查数据库的情况。大型社会调查数据库的使用是现在各院校研究生导师普遍要求学生做的工作，而经过编者的教学实践，这部分内容通过六个课时可以让学生入门并且对于数据重归类产生兴趣。并且，由于这些数据库的样本量和变量都较其他上市公司数据库为大，所以也是以后通向可能的大数据分析的一个准备。

第 10 章结构方程通过一个新的较为小众的 Mplus 软件来实现一个案例，案例也是通过第 9 章的大型社会调查数据库的数据而来的，在对于潜变量和中介效应的基本了解后，也可以让学生在大型社会调查数据库中寻找一些主题做一个期末的作业。

第 11 章空间可视化，分为基于 ArcGIS 的数据可视化案例和在 Stata 中实现空间可视化，则是在完成第 8 章和第 9 章的内容学习后，学习如何把非地理信息录入到 ArcGIS 中，或者通过 Stata 转入地理信息。这一章是经过斟酌的，不能搞成空间计量经济学，精简下来实际上还是有些难度的。但是，通过详细的过程描述，最后学生可以获得精美的可视化展现，试图进一步让学生熟悉更为复杂的数据分析软件，窥探更加精彩的数据分析领域。

沈阳理工大学经济管理学院徐静霞老师负责编撰了本书的第二、第三和第四章。其余各章由大连外国语大学林海波老师编撰。

2021 年 3 月

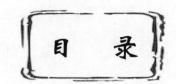

∮ 第 1 章

Excel 可视化以及智能仪表盘（Dash Board）案例

由于 Office 办公软件的普及，使用 Excel 进行可视化是最通常的做法，如果想脱颖而出，需要掌握比较复杂的 Excel 图表呈现技术。本书用一个动态智能仪表盘来演示 Excel 可视化的较新的应用发展，并给出一些可视化的细节建议。

1.1　动态智能仪表盘的制作详细步骤

本教材提供一套数据用于智能仪表盘案例的教学，具体下载可以使用软件：2019 版 Excel 和 PowerPoint 或 365 版 Excel 和 PowerPoint。（本案例以 365 版 Office 为操作工具）具体操作过程如下。

1.1.1　制作背景图

1. 在 Excel 中准备好所需数据表，如图 1-1 所示，选取一张背景图（见图 1-2）保存在电脑可找到的位置。

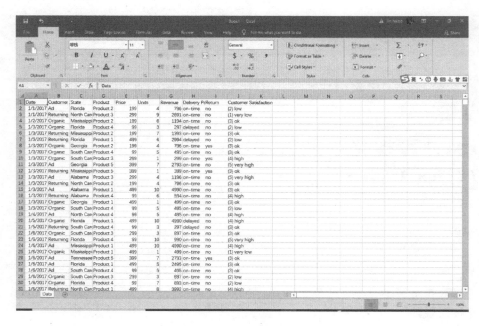

图 1-1　所需数据表

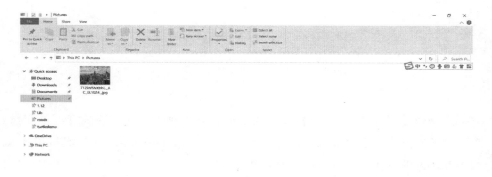

图 1-2　背景图

2. 打开 PowerPoint，将保存好的背景图插入到空白页中，将背景图调整为空白页的大小。图 1-3 至图 1-9 是将背景图插入空白页的具体操作。

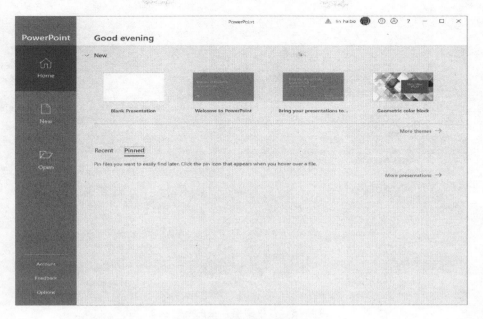

图 1 - 3　背景图插入空白页过程 1

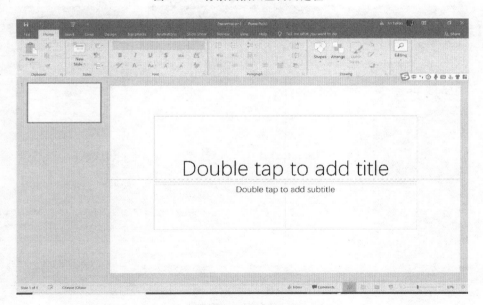

图 1 - 4　背景图插入空白页过程 2

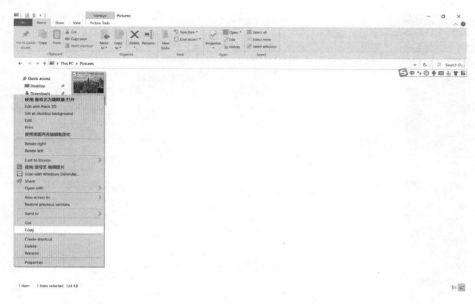

图 1 – 5　背景图插入空白页过程 3

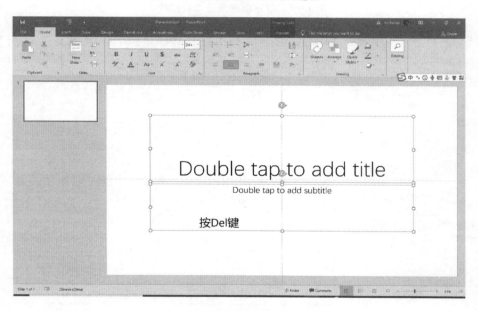

图 1 – 6　背景图插入空白页过程 4

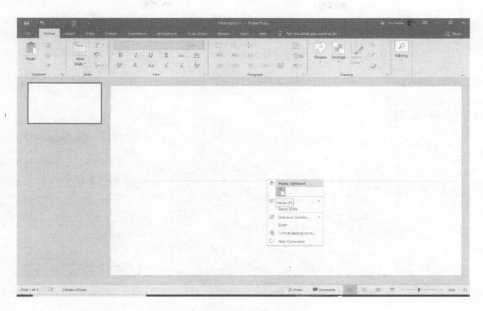

图 1 – 7　背景图插入空白页过程 5

图 1 – 8　背景图插入空白页过程 6

图 1－9　背景图插入空白页过程 7

3. 点击【视图】，在显示选项卡中勾选【标尺】和【参考线】，取消【网格线】。此时标尺显示在图片左方和上方，横纵参考线显示在图片中心。如图1－10 所示。

图 1－10　背景图中的"标尺""参考线"和"网格线"

4. 选中图片，单击鼠标右键，点击【设置图片格式】，此时图片右方会弹出设置图片格式选项卡。在选项卡中点击【图片】，点击【图片矫正】，将亮度调节至【-80%】。具体操作如图 1 - 11 至图 1 - 13 所示。

图 1 - 11　设置图片格式

图 1 - 12　图片矫正

图 1 - 13　亮度设置

5. 选中图片，单击鼠标右键，点击【图片另存为】，命名为"Picture1"保存在可找到的位置，具体操作如图 1 - 14 至图 1 - 16 所示。

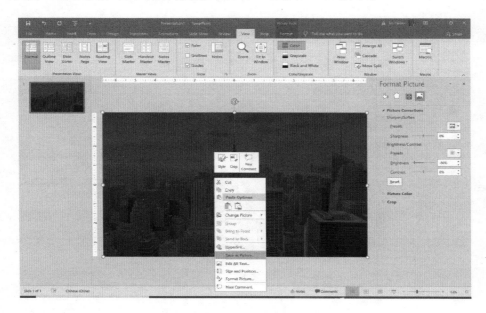

图 1 - 14　保存背景图

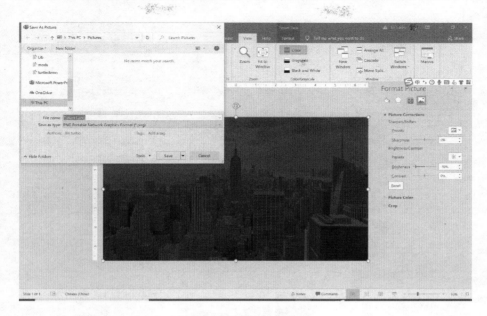

图 1 - 15　另存为 Picture1

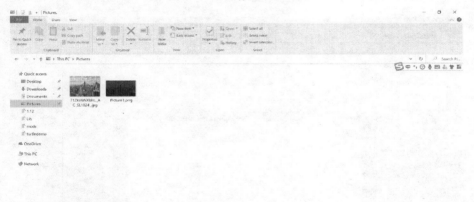

图 1 - 16　图片保存位置

6. 返回 PowerPoint，点击【插入】，点击【形状选项】，点击【矩形插入】。调整矩形大小为宽度 30cm，高度 16cm；水平位置呈左上角 2cm，垂直位置呈左上角 1.5cm，如图 1 - 17 所示。选中矩形，在设置形状格式中点击【填充】，点击【纯色填充】，设置颜色为【白色】，如图 1 - 18 所示。

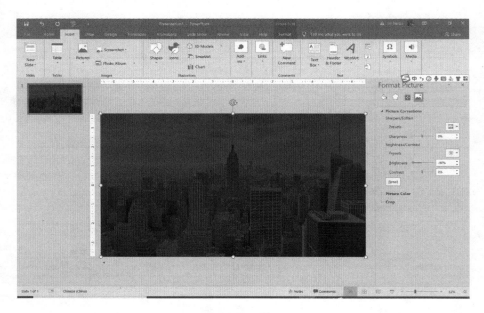

图 1 –17　插入

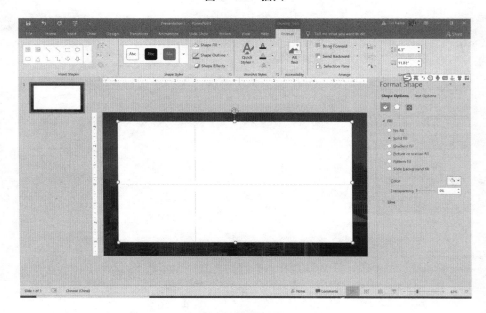

图 1 –18　设置矩形大小

7. 点中标尺，长按【Ctrl】，分别将纵向参考线左右移动，使得矩形被平分为三部分，如图 1 –19 所示。

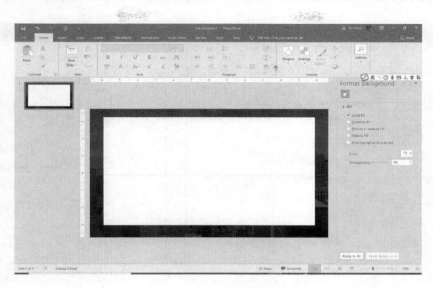

图 1 - 19　分割矩形

8. 插入另一个矩形，设置高度为 0.36cm，将其放置在白色矩形的水平参考线靠左 2/3 的位置。选中调整后的矩形条，进行两次【复制】【粘贴】【旋转 90°】，分别将其移动至两条纵向参考线上，保持高度不变。左侧矩形条移至水平参考线下方；右侧矩形条保持不变。点击矩形条，长按【Ctrl】，同时选中三个矩形条，在【格式选项卡】中点击【合并形状】，点击【剪除】。具体如图 1 - 20 至图 1 - 22 所示。

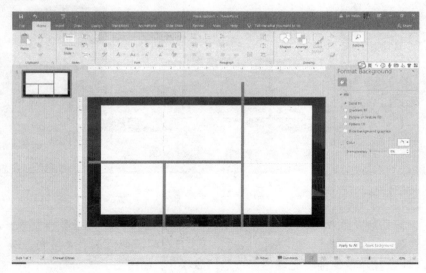

图 1 - 20　插入矩形条

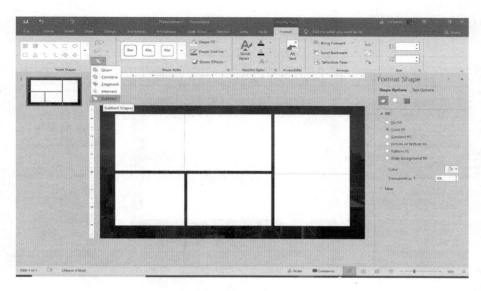

图 1－21　减除

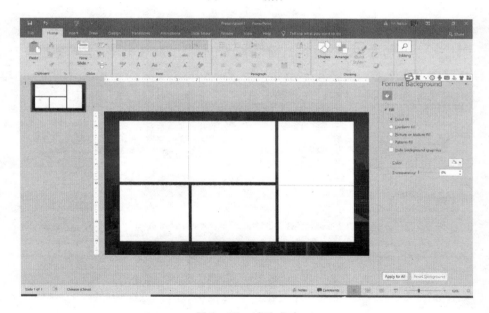

图 1－22　减除成功

9. 选中白色矩形，设置形状格式，点击【填充】，点击【渐变填充】，点击左侧渐变光圈，将颜色设为【黑色】；再点右侧渐变光圈，将颜色设为【紫色】。并设置左右侧渐变光圈透明度为【20%】。如图 1－23 所示。

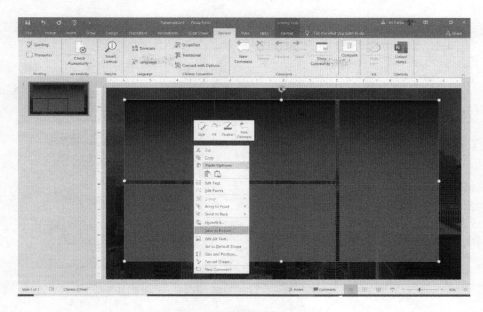

图 1 - 23　设置完成，另存为

　　10. 选中矩形，单击鼠标右键，点击【图片另存为】，命名为"Picture2"保存在可找到的位置。如图 1 - 24 所示。

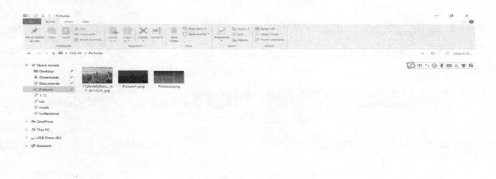

图 1 - 24　图片位置

1.1.2 制作所需数据透视表

1. 打开保存好的 Excel 表，将其变成一个表格，命名为"Data_ Table"（原数据文件无须表格化），如图 1 – 25 所示。

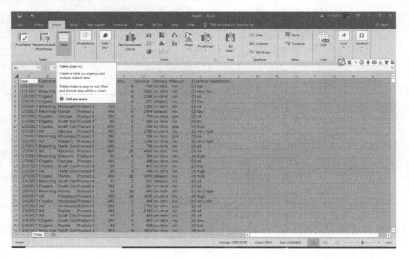

图 1 – 25 将数据表格化

2. 新建一个 Sheet 表，将其命名为"仪表盘"。点击【页面布局】，找到"网格线"，取消勾选【查看】。单击【背景】，插入"Picture1"；在插入选项卡中点击【图片】，插入"Picture 2"。如图 1 – 26 所示。

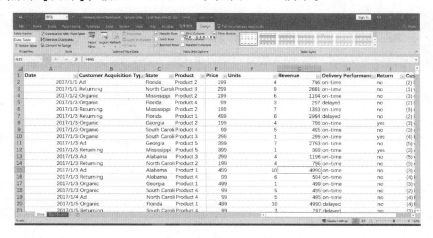

图 1 – 26 新建 Excel 表

3. 插入一个同样渐变色文本框，调整为合适大小，并输入标题"Perform-ance Dashboard"，调整合适大小并居中对齐，如图 1 – 27 所示。

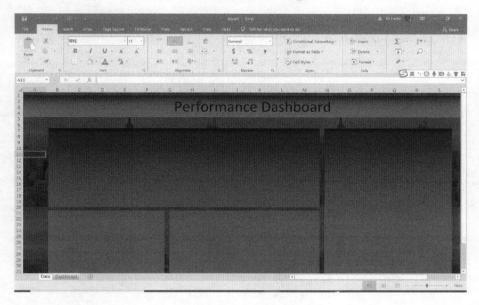

图 1 – 27　仪表盘背景

4. 新建一个 Sheet 表，并重命名为"Sales Line"，在此工作表中，选中 A1 单元格，在插入选项卡中单击"数据透视表"，弹出一个对话框，输入"Data_ Table"，点击【确定】，则在销售度线条表的左上方出现一个数据透视表，并且右侧出现数据透视表字段，如图 1 – 28 所示。将"Date"拖至下方的"行"中，出现"Years""Quarters""Date"三个选项，移除"Quarters"，把"Rev-enue"拖至下方的"值"中，如图 1 – 29 所示。选中此工作表的全部内容，在插入选项卡中点击"图表"，插入折线图，如图 1 – 30 所示。在弹出的图表中，选中按钮，单击鼠标右键，选择"隐藏图标上的所有字段按钮"，删除图表标题和图例；选中纵轴数据，设置坐标轴格式，在坐标轴选项中点击【数字】，将类别设为货币，小数位数设置为 0，符号设为【英语　美国】，如图 1 – 31 至图 1 – 34 所示。

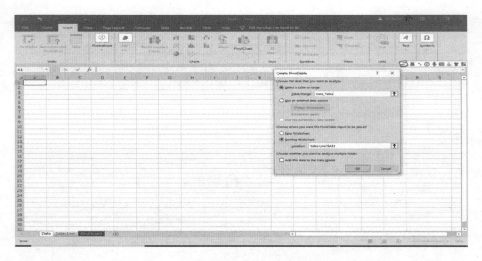

图1-28　插入数据透视表

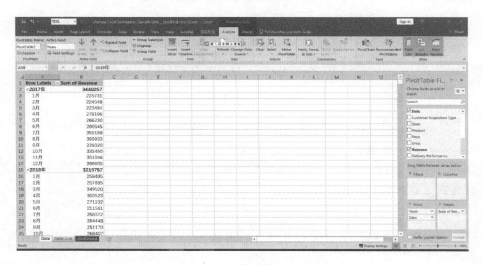

图1-29　拖入透视表选项

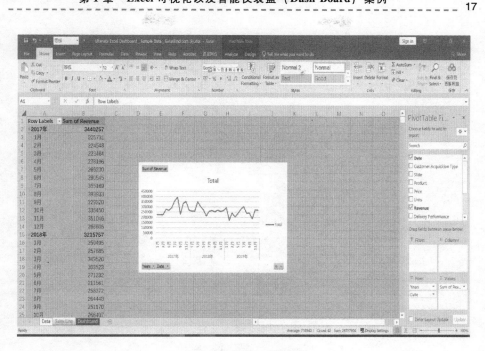

图 1 - 30　插入折线图

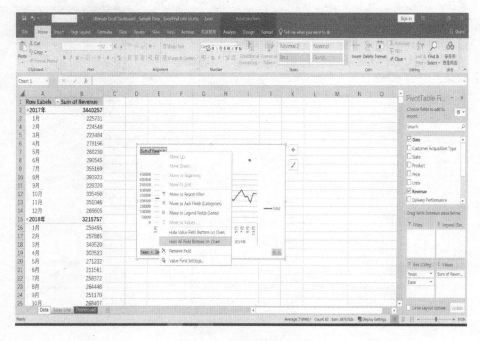

图 1 - 31　隐藏字段按钮

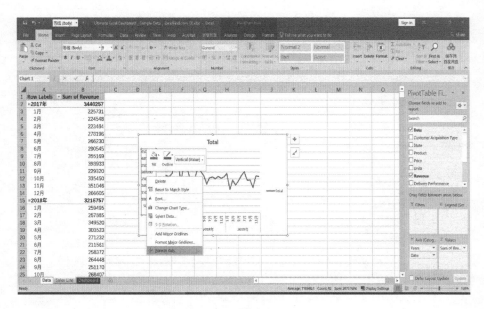

图 1-32　设置坐标轴

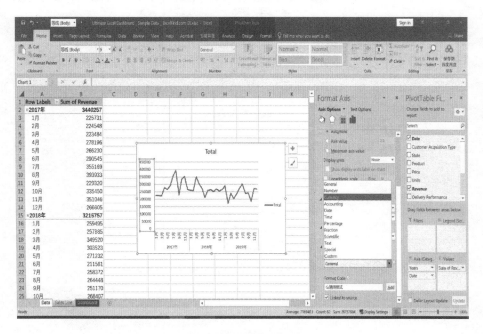

图 1-33　设置为货币

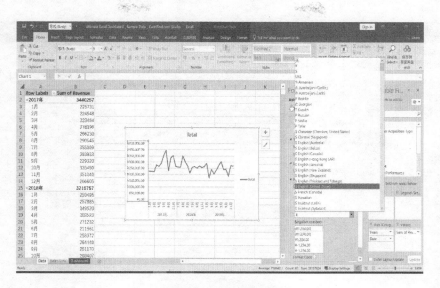

图 1 – 34　设置为美元

5. 新建 Sheet 表，命名为"Sales Map"。点击【A1】，选中数据源表中所有数据，插入数据透视表，分别将"State""Revenue"拖至"列""值"中。选中表中 B2 至 H3 的所有数据进行【复制】【粘贴】，形成一个新的表格；选中此表，插入地图表，删除图表标题，选中地图，在设置数据系列格式中点击【系列选项】，将地图区域设置为【仅包含数据的区域】，去掉标题。如图 1 – 35 至图 1 – 38 所示。

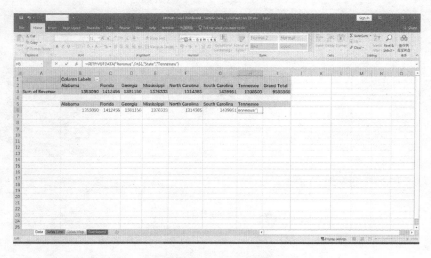

图 1 – 35　设置透视表，进行【复制】【粘贴】

新文科数据分析实操速成——从入门到熟练

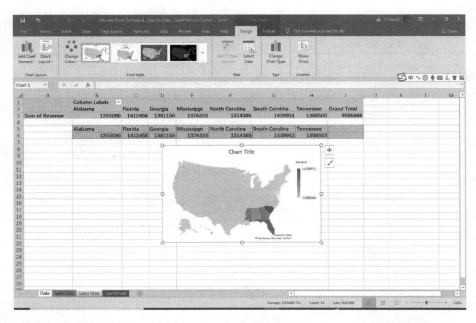

图 1-36　插入地图表

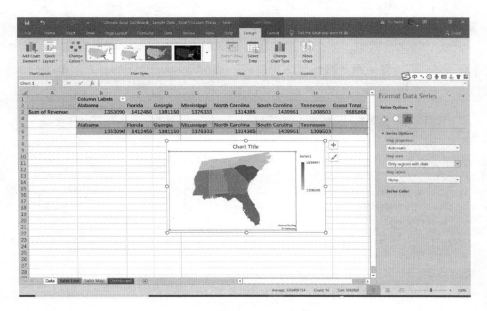

图 1-37　设置显示区域

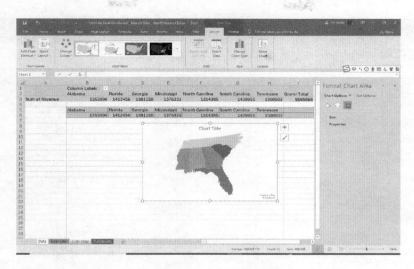

图 1-38　完成，去掉标题

6. 新建 Sheet 表，命名为"Delivery Performance Doughnut"。点击 A1 单元格，选中数据源表中所有数据，插入数据透视表，分别将"Delivery Perform-ance""Revenue"拖至"行""值"中。点击【值】中的求和项，点击【值字段设置】，设置计算类型为【计数】。在 C3 单元格中，利用公式计算"on time"占总计的百分比，得出结果为 0.672837。在数字选项卡中点击百分比，最终显示结果为 67%。选中透视表，插入【饼图】中的【圆环图】。选中按钮，单击鼠标右键，选择"隐藏图表上的所有字段按钮"，删除图表标题和图例。点击"行标签"，设为降序。在圆环图下方插入一个文本框，输入"67%"，字号为"24"，居中对齐。如图 1-39 至图 1-46 所示。

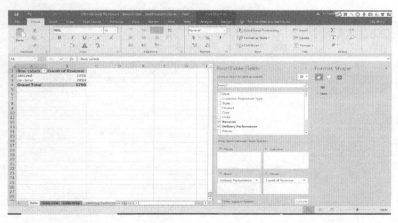

图 1-39　设置透视表

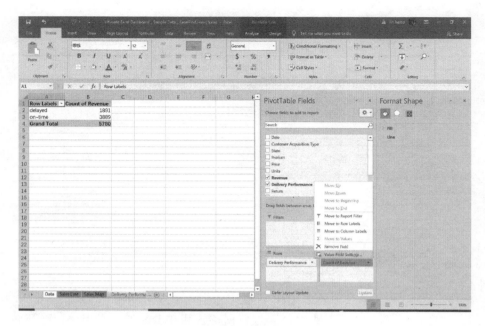

图 1－40　设置值字段

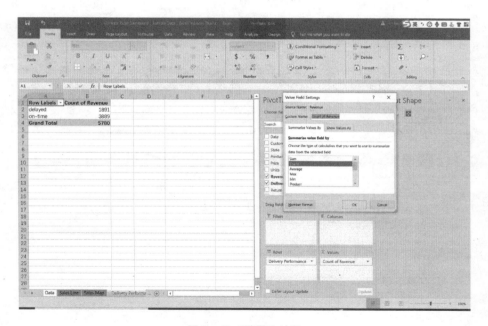

图 1－41　设置为计数

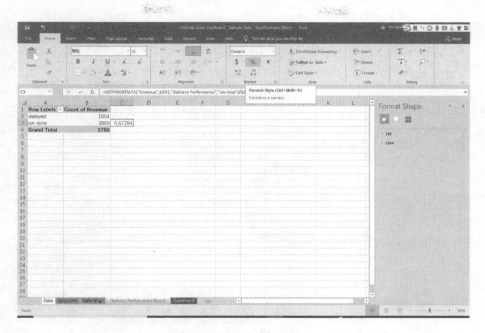

图 1-42　计算百分比

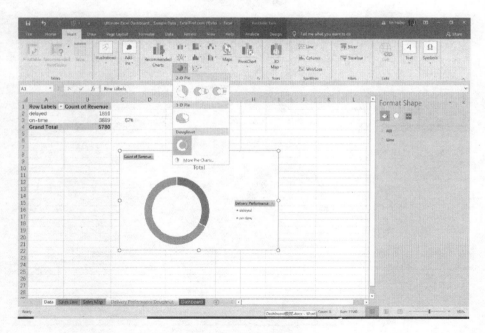

图 1-43　插入圆环图

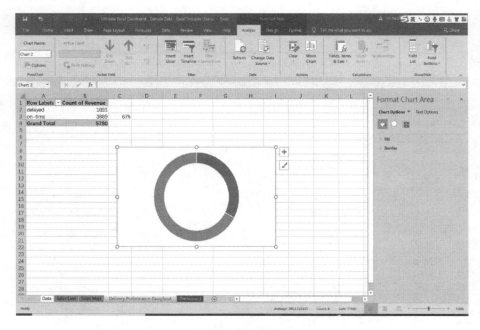

图 1 - 44　调整

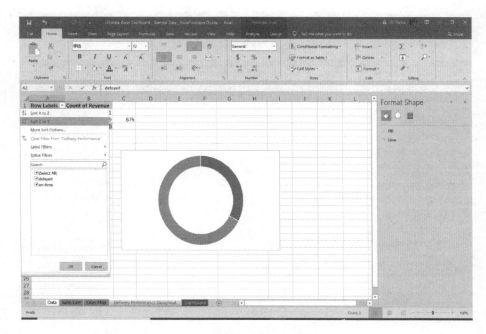

图 1 - 45　设置为降序

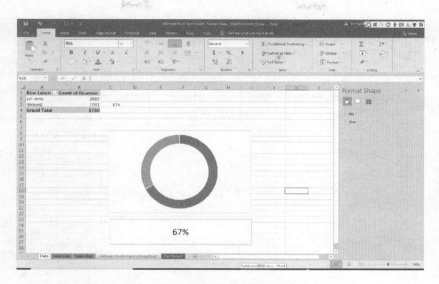

图 1 - 46　插入文本框，填入百分数

7. 新建 Sheet 表，命名为 "Return Rate Doughnut"。点击 A1 单元格，选中数据源表中所有数据，插入数据透视表，分别将 "Return" "Revenue" 拖至 "行" "值" 中。点击 "值" 中的求和项，点击【值字段设置】，设置计算类型为【计数】。在 C3 单元格中利用公式计算 "yes" 占总计的百分比，得出结果为 0.103114。在数字选项卡中点击百分比，最终显示结果为 10%。选中透视表，插入【饼图】中的【圆环图】，隐藏图标上的所有字段，删除图表标题和图例。在圆环图下方插入一个文本框，输入【10%】，字号为【24】，居中对齐。如图 1 - 47 至图 1 - 49 所示。

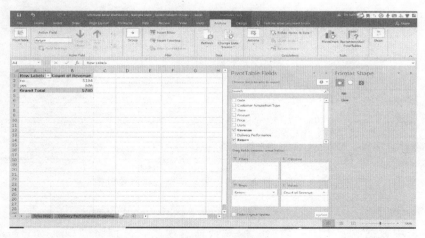

图 1 - 47　设置透视表

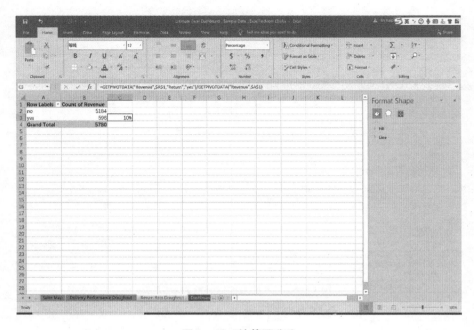

图 1－48　计算百分比

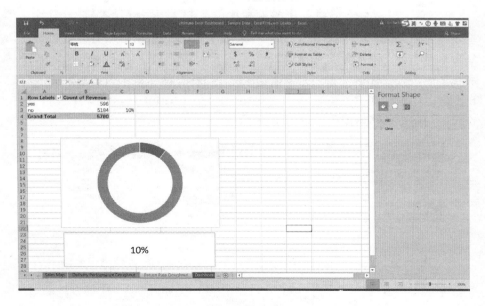

图 1－49　插入圆环图和文本框，输入百分数

8. 新建 Sheet 表，命名为"Customer Acquisition Waterfall"。点击 A1 单元格，选中数据源表中所有数据，插入数据透视表，分别将"Customer Acquisi-

tion Type""Revenue"拖至"行""值"中。点击【值】中的求和项，点击
【值字段设置】，设置计算类型为【计数】。选中所有数据进行【复制】【粘
贴】，形成一个新的表格，选中此表，插入【瀑布图】。删除图表标题和图例。
选中图中【总计】上方的矩形，点击【设置数据点格式】中的系列选项，勾
选【设置为汇总】。如图 1-50 至图 1-56 所示。

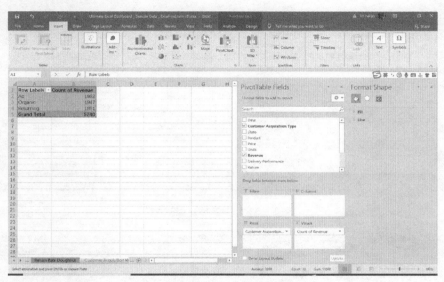

图 1-50 设置透视表

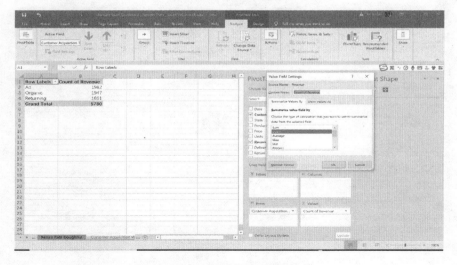

图 1-51 设置值字段为计数

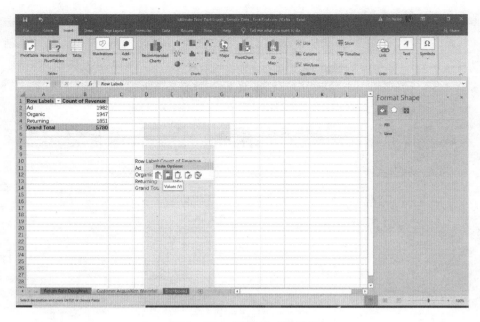

图 1-52　【复制】【粘贴】

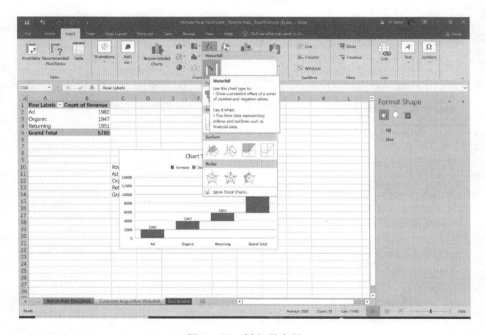

图 1-53　插入瀑布图

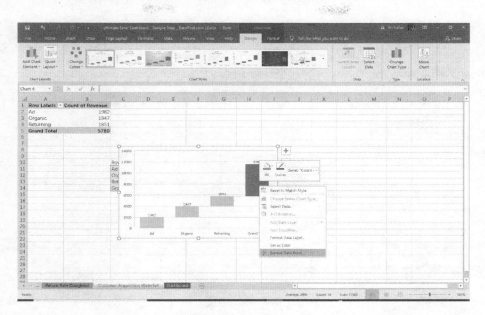

图 1 − 54　设置"总计"柱

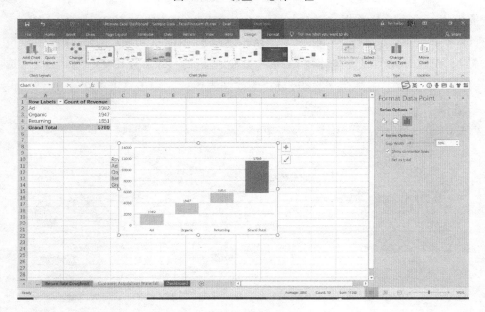

图 1 − 55　设置为总计

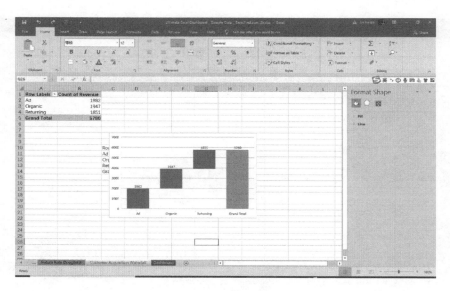

图 1－56　完成

9. 新建 Sheet 表，命名为"Customer Satisfaction Bar"。选中数据源表中所有数据，插入数据透视表，分别将"Customer Satisfaction""Product""Revenue"拖至"列""行""值"中。点击【值】中的求和项，点击【值字段设置】，设置计算类型为【计数】。选中数据表，插入【百分比堆积条形图】，选择【隐藏图标上的所有字段按钮】，删除图表标题。点击【行标签】按钮，设为【降序】。如图 1－57 至图 1－60 所示。

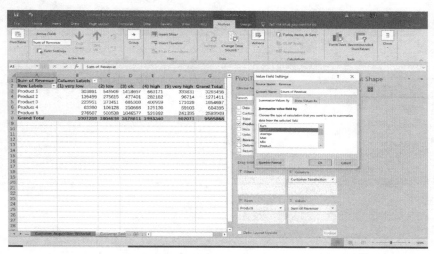

图 1－57　设置透视表，设置值字段

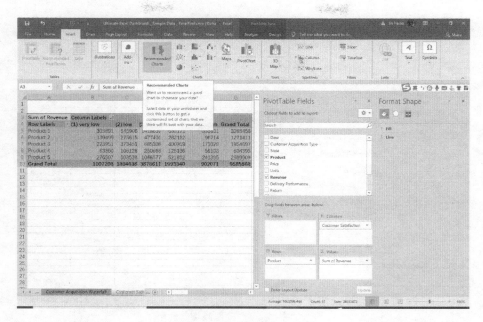

图 1-58   选择"建议的图表"

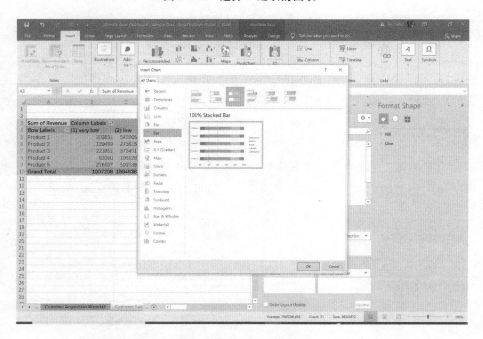

图 1-59   选择"百分比堆积条形图"

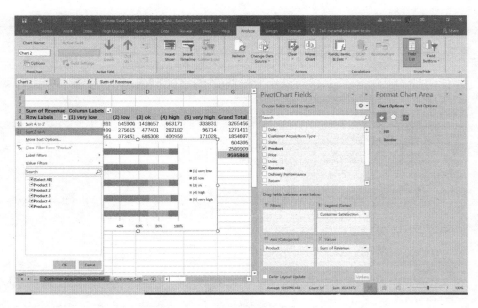

图 1 – 60　设置降序

1.1.3　制作仪表盘

1. 回到"Dashboard",在每个模块左上方插入 4 个大小合适的矩形作为模块的小标题,选中四个矩形,点击矩形左上角的橘色圆点使矩形变得圆润,在设置形状格式卡中点击【填充】,设置纯色填充为【白色】,设置透明度为【80%】。点击插入选项卡中的【图标】,在四个矩形中插入合适的图标,并将图标填充为【白色】。分别在每个矩形中插入大小合适的文本框,按照从左到右、从上到下的顺序输入标题"Sales""Deliveries""Customer Acquisition""Customer Satisfaction"。如图 1 –61 至图 1 –64 所示。

图 1－61　插入矩形

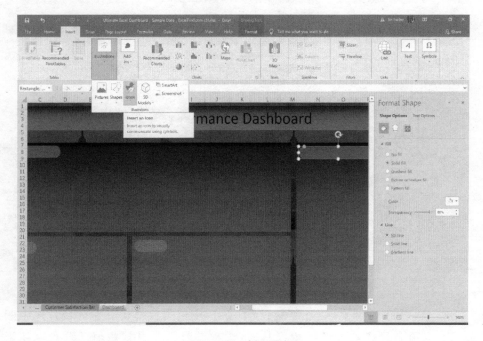

图 1－62　插入图标

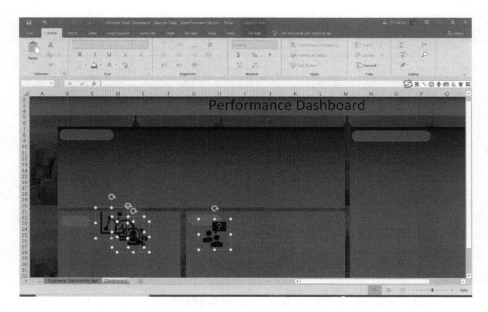

图 1 – 63　放置图标

图 1 – 64　插入标题

2. 将 "Sales Line" 表【复制】【粘贴】至销售额模块靠左区域，选中图表，设置图表区格式为【无填充】。选中横轴月份和纵轴数值，设置字体为

【白色】，选中图表中的折线，将线条设为【渐变线】，渐变光圈左侧为【白色】，右侧为【红色】。如图 1 - 65 所示。

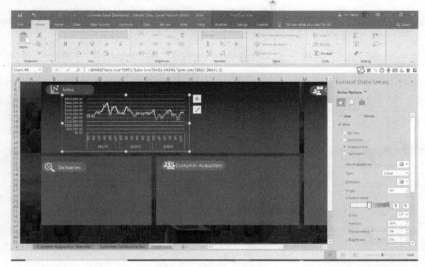

图 1 - 65　插入第一张图

3. 将"Sales Map"表【复制】【粘贴】至销售额模块靠右区域。选中该表，设置数据系列格式，点击序列颜色，将最小值设为【白色】，最大值设为【红色】。如图 1 - 66 所示。

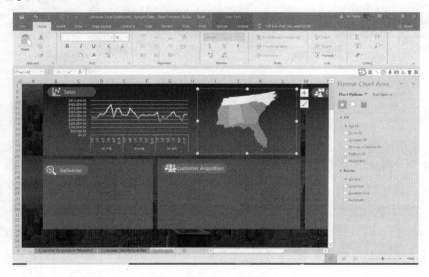

图 1 - 66　插入第二张图

4. 将"Customer Acquisition Doughnut"表【复制】【粘贴】至送达表现模块靠左区域。将小圆环设为【黑色填充】，大圆环设为纯色填充的【白色填充】。选中图表，设置边框为【无线条】。将圆环图表中的文本框【67%】【复制】【粘贴】至圆环中间，并在文本框内增加"ON – TIME"字样。将文本框设置为【无填充】【无线条】，字体为【白色】，适度调整字体大小。在圆环图下方插入一条线，设置为"黑色填充"，再插入一个文本框，将文本框设置为【无填充】【无线条】，输入【TARGET：80%】，字体为【白色】或【黑色】。如图 1 – 67 所示。

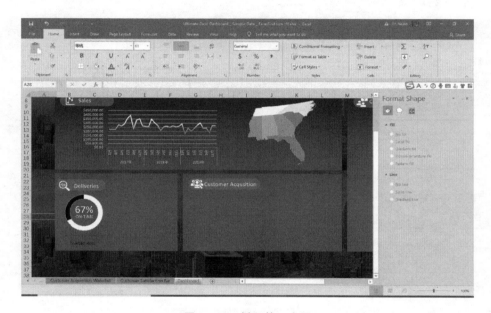

图 1 – 67　插入第三张图

5. 将"Return Rate Doughnut"表【复制】【粘贴】至送达表模块靠右区域。将小圆环设为【黑色】填充，大圆环设为纯色填充的【白色】填充。选中图表，设置边框为【无线条】。将圆环图中的文本框【10%】【复制】【粘贴】至圆环图中间，并在文本框内增加【RETURNS】字样。将文本框设置为【无填充】【无线条】，字体为【白色】，适度调整字体大小。在圆环图下方插入一个文本框，将文本框设置为【无填充】【无线条】，输入【TARGET：8%】，字体为【白色】或【黑色】。如图 1 – 68 所示。

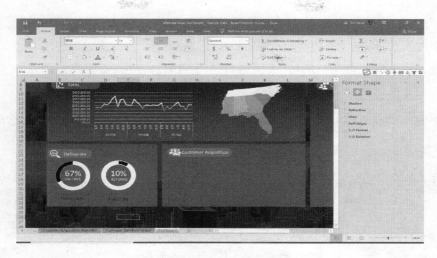

图 1-68　插入第四张图

6. 将"Customer Acquisition Waterfall"表【复制】【粘贴】至客户要求种类区域。图表设置为【无填充】【无线条】，将图表左侧数据和下方种类字体设为【白色】，选中图表中 4 个数据标签，设置数据标签格式，点击【标签选项】，设置标签位置为【居中】。选中图中 4 个矩形块，设置数据系列格式，设置为【渐变填充】，左侧为【绿色，个性色，淡色 80%】，右侧为【紫色，透明度 50%】。选中【总计】矩形块，设置为【渐变填充】，左侧为【红色】，右侧为【紫色】。如图 1-69 所示。

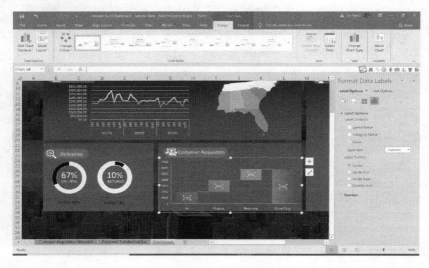

图 1-69　插入第五张图

7. 将 "Customer Satisfaction Bar" 表【复制】【粘贴】至客户满意度模块。选中图例，设置图例位置为【图标靠下】。选中表中的网格线，设置主要网线格式，将颜色设为【灰色】，透明度设为【50%】。根据需要将矩形块设为合适的渐变色。品种类和下方数据设为【白色】。如图 1 - 70 所示。

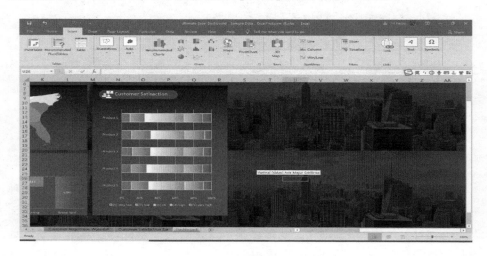

图 1 - 70　插入最后一张图

8. 在 "Picture 2" 下方插入一个矩形文本框，颜色填充为【黑色】。选中任意表，在插入选项卡中点击【切片器】，在所弹出的对话框中勾选 "State" "Customer Acquisition Type" "Product" "Years"。同时选中四个切片器，单击右键，选择【切片器设置】，勾选【隐藏没有数据的选项】，在选项卡中根据需要选择合适的切片器样式。分别选中四个切片器，单击鼠标右键，选择报表链接，勾选所有透视表。依次选中 "State" "Customer Acquisition Type" "Product" 三个切片器，单击鼠标右键，点击【切片器设置】，将名称和标题分别改为 "产品" "州" "客户要求种类"。根据实际需要，选中切片器，在格式切片器选项卡中调整切片器大小和列数。将切片器依次移动至背景下方的黑色文本框中。此时，所有步骤均已完成，将文件保存至合适位置，即可进行图表可视化操作。如图 1 - 71 至图 1 - 80 所示。

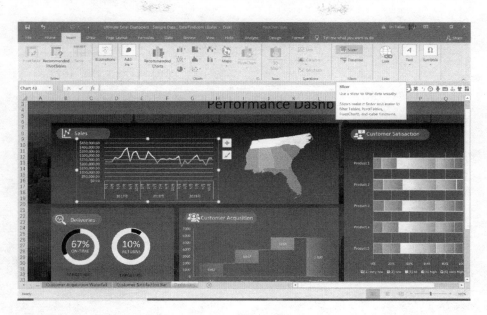

图 1 - 71　插入切片器

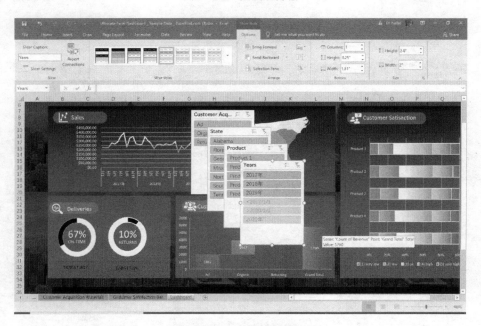

图 1 - 72　选中所有切片器

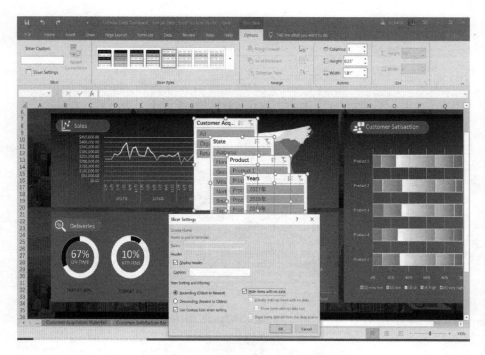

图 1-73　隐藏没有数据的项

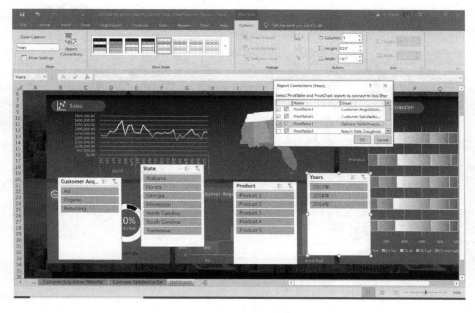

图 1-74　连接数据

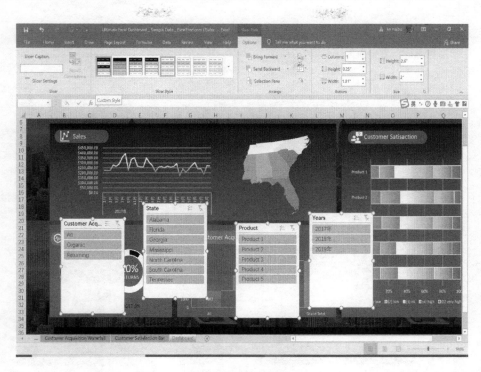

图 1 – 75　改变风格

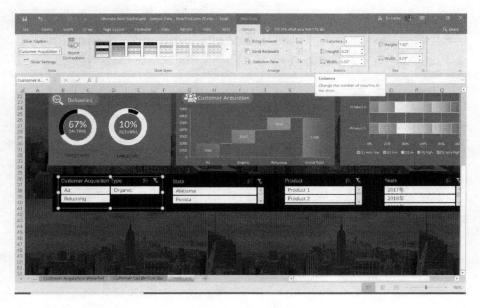

图 1 – 76　放置

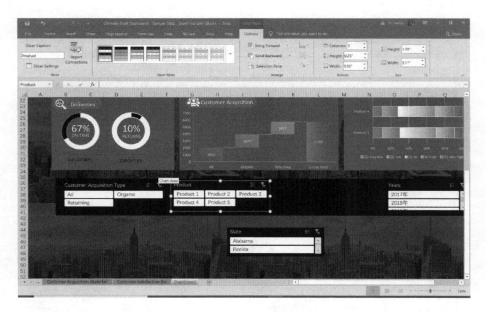

图 1 - 77　改变行数，调换位置 1

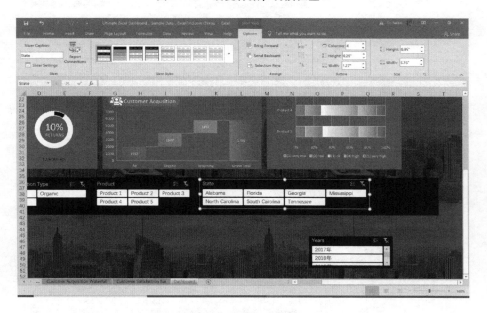

图 1 - 78　改变行数，调换位置 2

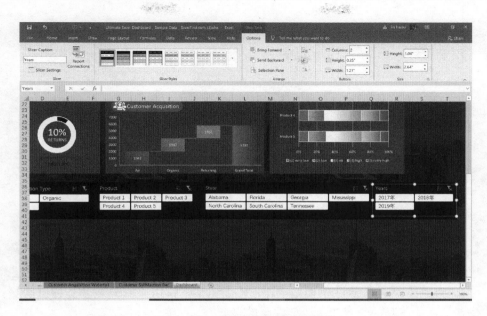

图 1 – 79 改变行数，调换位置 3

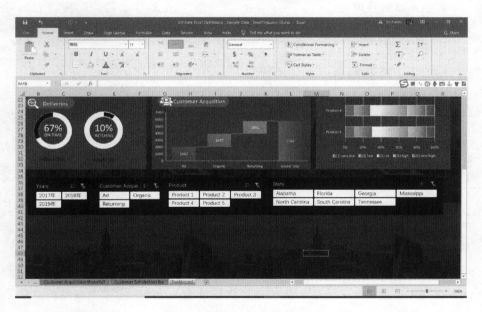

图 1 – 80 完成图

1.2　Excel可视化注意事项

1.2.1　工具

以前，没有哪个工具能够很好地用于数据可视化。现在，我们随时都拥有数十种乃至上百种工具，而且网络上还在不断推陈出新。它们都能很好地发挥作用，但是没有哪种工具能做得面面俱到。更加全面、功能更加强大的工具（通常是为数据科学家准备的），意味着其学习曲线比那些免费或者需要小额付费的在线工具的学习曲线，要陡峭的多。

数字化原型接近完成时，从 Plot. ly 工具中导出 SVG 文件，然后将它们导入绘图软件 Adobe Illustrator。

1.2.2　控制颜色

如果你有时间只专注于改进图表中的一件事，那就选择改进颜色。大多数软件无法直观地挑选与你的背景匹配的颜色。软件不可能知道如何对变量进行分组，如哪些是主要变量、哪些是次要变量、哪些是互补变量、哪些是对比变量。因此，软件往往给每个变量随机地分配一种颜色以示区分。

人的眼睛在看到 5 种或 7 种颜色之后，大脑区分和记忆颜色的能力就会下降。因此，大多数图表不需要使用过多的颜色。只要遵循以下几个准则，你就可以搭配好颜色来制作图表。

1. 少用。坚持用最少的颜色来表达想法。这类似于约分：有时，当一个分数明明可以用 2/3 来表示，我们却将它显示为 10/15。同样，当我们只需要 2 种或 4 种颜色时，我们可能使用了 8 种颜色。想办法用同样的颜色来将图中的数据项分组。

2. 使用灰色。灰色像是你的好朋友。它与白色背景的对比度较小，给人的感觉是高对比度颜色背后的"背景信息"，它不像更显眼的颜色那样吸引眼球。在许多图表中，你可以使用灰色来表示软件自动分配的主导颜色。

3. 互补或对比。当变量本质上相似时，使用相似或互补的颜色。当变量本质上对立时，使用对比的颜色。看图者会进行简单的联系：把相似的东西放在一起，反之亦然。这听起来太明显了，但是请记住，软件并不懂得这些。如果我们的 8 个变量都涉及不同年龄的男性和女性，软件就会给它们分配 8 种不同的颜色。我发现，想办法为每个性别之中的变量使用互补颜色，并且在性别之间的变量使用对比颜色，如 4 种绿色色调和 4 种橙色色调，两个色系，这会使图表更加清晰。

4. 以变量为主。文本、标签和其他不属于传递数据信息标记的部分，最好使用黑色或灰色（或者黑色背景上的白色），只有少数例外。有时，用相同的颜色来表现标签与线条间的关联会很有帮助，但着色要审慎。一般来说，给文本着色，作为装饰，会分散看图者的注意力。

5. 考虑怎么配色，而不是配哪种颜色。你可能一直在想着使用哪种颜色，但这远没有怎么使用颜色重要。了解背景与主要信息、互补和对比变量，以及如何改变颜色的饱和度，比仅仅选择你喜欢的颜色或者你的品牌经理希望你使用的颜色，更能让你做出正确的选择。

6. 专业提示：考虑色盲。如果看图者中有各种色觉缺陷的人，那么好图表的力量就会丧失大半。多达 10% 的男性是红绿色盲，1%—5% 的男性是其他类型的色盲。色盲者可能认为两种颜色实际上是一样的。不过，类似于 Coblis（参见 http：//www. color - blindness. com/coblis - color - blindness - simu-lator/）和 Color Oracle 这样的工具，可以让你清楚地知道你的图表在色盲者眼中看来是什么样子。

如果运用了这些指导原则，并且理解了图表使用的背景，就可以将杂乱无章的色彩转化为连贯有序的色彩。

1. 2. 3　为追求清晰而制图

一份清晰的图表，在少量或没有干预的情况下，依然能传递其思想。它具有自明性，可以让自己立刻能看懂，无须思考。

但是清晰的事情却不一定简单。要实现清晰，需要的不仅仅是漂亮的颜色和简洁的设计，还需要运用一些指导原则。如果图表上的每一个标记都让看图者停下来思考，决定在哪里集中注意力，并且挑战他们通常的思维方式，然而，这些都不利于清晰。你可以运用下面这些指导原则来实现清晰的设计。

1. 消除图表上那些不必要的东西。想一想图表上的每一个标记，并且问自己，这对我表达观点是必要的吗？例如，通常由制图程序自动生成的无关的轴标签和分散注意力的网格线，往往会留在图中。此外，不必要的颜色也会分散注意力。另外，如果你认为不使用变量也能表达你的观点，那么可以尝试删除变量。

2. 删除冗余。如果主标题上写着"销售与收入"，那就只是对轴线上的标签的重复。简单描述图表显示的内容说明，不会增加看图者对图表内容更多的洞察。如果有了代表美元或百分比的坐标轴，你不必在每个标签上重复美元或百分比的数学符号（即 $ 或%）。在数据可视化中找出哪些地方的信息重复了，并且在保持清晰的同时尽可能多地从页面上删除冗余元素。

3. 限制颜色和眼睛的移动。颜色很有吸引力，但会分散注意力。如果把吸引眼球的颜色分配给非核心元素，它们就会争夺看图者的注意力。把颜色想象成一个需要约分的分数。你想显示的应该是 2/3，而不是 12/18，为此，需要对变量进行分组，并使用灰色作为上下文的辅助信息。图例和带有指示行的说明文字，将迫使看图者转移视线。让看图者首先看右上角的图例，然后将视线返回到图表上，并且重复这个过程 3—4 次，这看起来确实是件微不足道的事，但其实是件大事。视线来回转移，或者沿着长线条一直看到标签，会降低看图的速度。信息离代表它的要素越远，视线移动的距离就越长。要使标签和说明文字始终靠近它们代表的可视化部分。例如，在折线图中把标签放在它们所代表的线的末尾；它们为眼睛扫描提供了一个自然而然的停止点，而且不需要图例。

4. 描述观点而不是结构。应使用文本、主标题、说明文字以及其他视觉标记来突出观点或见解，而不是描述可视化的体系结构。一个主标题，如果只是再次描述图表的形式，那它对于看图者的帮助，远不及那些通过暗示或明示，来澄清该图表为什么存在的标题。例如，比较一下这种标题："医疗保健支出与健康情况的分布图"和"更多的医疗保健支出并不会改善健康状况"。又如，"按年计算的经营亏损中值趋势线"和"亏损正在增加"专业提示，对齐所有东西这条简单的指导原则在确立图表的秩序方面非常有效。一些图表产生的杂乱和模糊感，部分来源于图表中的各个项目，自由随意地漂浮于整个视觉空间，或者轴标签以其轴为中心并倾斜；或者说明文字悬停在恰好有空白的地方。这些都是混乱感的来源。使用纵轴作为左对齐，确立第二个点来对齐说明文字和其他标签，混乱的感觉就会消失。

1.2.4　选择图表类型

1. 了解基本的分类最简单的方法就是了解你的意图。你是否有以下打算？
- 进行比较
- 展示分布
- 显示比例
- 映射某物
- 显示一个非统计的概念

如果你知道答案，就已经缩小了选择范围。例如，若是你要显示一个比例，你知道折线图不起作用，但叠加区域图或堆积条形图可能起作用。请参考"附录 1.2"中的图表选择工具，以了解每种任务最常见的图表类型，然后用这种最常见的图表类型作为起点。你也可以尝试其他没有出现的类型。请记住，某些图表类型可以实现多种目的。例如，两个并排的叠加条形图可以进行比例比较。

2. 听你如何描述事物。找个人聊聊你手头的数据和想要表达的想法，然后记下来。听一下你自己说的话，你可能会找出最适合你手头数据的图表类型。你也许对自己说："单个的年份并不重要，重要的是这些年来的趋势"，你刚才建议用折线图来表示趋势，而不是用条形图来绘制每年的值。或者，你也许会说："期望与绩效之间存在很大差距"这可能会让你尝试一种可以真实展示巨大差距的形式，如点图。你会惊讶地发现，经常用些词来描述自己的意图，而这些词会直接将你引向某个图表类型。为了帮助你，本书包含了一个与这些方法相关的单词匹配的图表类型词汇表，请参阅"附录 1.1"。

在考虑图表类型时，请遵循这些指导原则。

3. 要明白，更专业、更不寻常的图表类型，需要看图者付出更多的努力。向他们解释一下图表是怎样发挥作用的，或者向他们展示一个简单的原型，对他们可能都会有一定的帮助。

4. 善于使用表格。有时，集合中的所有个体数据点比趋势或构成趋势的因素更重要。在这种情况下，表格也许是最好的选择。表格还可能适用于非常小的数据集（如两个类别中的三个数据点），而在这个时候，数据可视化并不会传递更多信息，而且会花费更多的时间。从某种意义上说，表格也是可视化的：它们使用可预测的水平和垂直的空间比例，使数据更清楚。总而言之，表格仍然是个强大的工具。

5. 专业提示：使用一根轴线。

1.2.5　练习说服

在设法让图表具有说服力时，请遵循以下指导方针：

1. 改变你提出的涉及背景的问题。在制作图表之前，要问自己："我想说些什么？对谁说？在哪里说？"这有助于形成可视化的图形，以正确的格式将正确的想法传达给正确的人。说到具有说服力，这个练习可以通过添加一个新的提示来修改：我需要说服他们……将"我想说，竞争对手的收入在增长"和"我需要说服他们，竞争对手的收入增长对我们是一个真正的威胁"进行比较。后者可以带来不同的可视化解决方案。

2. 强调和突出。为了让你的可视化图表更有说服力，对最重要的信息进行"亮化"处理。将看图者的注意力限定在少数几个地方，让他们的眼神转移到你想让它们去的地方。如果竞争的威胁能够说服他们改变策略，那就强调这种威胁，使之更加突显、色彩更加丰富，将其他所有东西都变成浅色或灰色。这样的话，次要的信息就会让步，你的重点就自然凸显出来了。这条建议在一定程度上适用于所有图表的制作，但在本着说服他人的目的而制作的图表中，要做到直白，因为说服的时间不是用来追求深度、注重细微差别和关注细节的。保险公司的广告一般会这样说："15 分钟的时间（听我介绍），可以为你节省 15% 甚至更多。"而不会通过在某个结构化的表格中提供他们所有的计划和价格来说服你购买他们的产品，以便你做出明智决定。因此，你要着重强调和突出某个观点。

3. 考虑你的参考点。突出的最终形式是删除任何不直接支持你观点的信息。如果重要的是过去三个月的库存情况如何，那就把电子表格中一年前的库存数据删除，放大最重要的部分。如果你的报告是在比较四个地区的业绩，但只想重点关注其中的两个地区，那么请删除另外两个地区的业绩。如果你向看图者提供一个图表，而他们却根据图表提出了多种解释，那么你就没有说服力。而且，你提供的数据越多，他们就越有可能找到其他的解释。

不要拘泥于你的数据集，而是要想一想，你可以添加些什么到图表中，以增强图表的说服力。新的和不同的比较点可以使看图者以新颖的方式来理解他们熟悉的东西。通常，一份显示工作时间损失的关于生产力的报告，可能会将等量（Full Time Equivalent，FTE）岗位的情况可视化，如果时间的损失得到补偿，就可以填补这些等量岗位的空缺。新的参考点可以将人们的思维从损失了多少小时时间转移到损失的时间的价值上来。

4. 指出问题所在。让人们移动眼球并不难，指示符、分界线和简单的标签，都在向看图者表明什么是重要的。突出显示散点图的某个部分，可以清楚地表明这是"活跃区域"。要用箭头指向数据中的缺口，并将其标记为"机会"，这是明确的。这个缺口本身就能吸引看图者的视线，标签告诉看图者该怎么想。你可以在线形图中添加一条"危险"线（可能是红色的）。如果趋势跌破这条线，就到了恐慌的时候。我们看到了与观点相关的趋势。使用颜色，以引起读者思考，越过某条线到底意味着什么。

5. 诱惑。颠覆预期可能具有强大的说服力。如果你用看图者希望看到的视觉效果来确定图表的基调，然后向他们展示，现实与他们的期望有多大不同，那么你就制造了一个心理紧张的时刻。这迫使他们调和这种脱节，也就是说，逼着他们思考，为什么他们认为正确的东西并不正确。相反的证据是具有挑战性的，会引发讨论：你以为我们的数据是那样的，它实际却是那样的。这种方法能够很好地让观众在演示中感到快乐和投入。

6. 专业提示：使用叙述结构。没什么比故事更有说服力，更加富含独特的人性。讲故事是人们最有效的沟通方式。人们不仅对别人讲述的故事做出一定的反应，而且他们还渴望听故事。所以，要用你的图表来讲故事。"用数据讲述故事"的意思是，使用故事的基本结构来制作一张图表或者一系列图表，故事的基本结构如下：

开始：展示一些现实情况。

冲突：发生在那一现实中的某些事情。

解决：冲突后的新的现实。

在大多数故事中，冲突或者"升级的行动"是对抗性的。一场风暴、一场决斗，或者一位已婚人士意想不到的爱情。借助图表，我们可以自由地解释"冲突"这个术语。它通常是对抗性的，但有时只是一次改变而已，甚至是一次积极的改变。你有可能争取到了一家大客户，或者赢得了职务晋升。涉及时间要素的数据集（按季度注册报名，或者是夜间的快速眼动睡眠）有助于讲故事，但其他数据集也适合采用这种结构。

附录 1.1　图表类型术语

2×2 矩阵　也叫矩阵，水平和垂直平分的方框，形成了四个象限。它常用于说明两个变量的类型。

优点：针对元素分类和"区域"创建的易于使用的组织原则。

缺点：在不同的空间间隔绘制象限内的项，暗示两者可能不存在统计关系。

冲积图（Alluvial Chart）　也称为流图，显示值怎样从一个点移动到另一个点的节点和流。这通常用于展示值在一段时间内的变化，或者其组织方式的细节，例如，预算拨款如何逐月使用。

优点：在值的更改中公开详细信息，或者在广泛数据类别中公开地详细分解。

缺点：流中的许多值和变化导致复杂而且交叉的视觉效果，虽然很漂亮，但可能很难解释。

条形图（Bar Chart）　表示类别之间关系（分类数据）的高度或长度不等的条形。常用来比较同一指标下的不同群体，如 10 位不同 CEO 的薪酬（当条形图垂直时也称为柱状图）。

优点：大家都熟悉的形式；非常适合于类别之间的简单比较。

缺点：许多条形图可能会造成趋势线的印象，而不是突出离散值；多组条形可能变得难以解析。

气泡图（Bubble Chart）　散布在两次测量上的点，为数据增加第三个维度（气泡大小），有时增加第四个维度（气泡颜色），以显示几个变量的分布。常用来表示复杂的关系，如绘制不同国家的多个人口数据块（也被错误地称为散点图）。

优点：合并"Z 轴"最简单的方法之一；气泡大小可以为分布式的可视化图表增加至关重要的上下文。

缺点：按比例调整气泡大小是棘手的（积与半径不成比例）；从本质上说，三轴和四轴的图表需要更多的时间来解析，因此不太适合一目了然的表示。

凹凸图　也称为疙瘩图（Bumps Chart），显示随着时间推移的排名顺序变化的线条。常用来表示受欢迎程度，如每周的票房排名。

优点：表现受欢迎程度、赢家和输家的简单方式。

缺点：变化没有统计学意义（值是序数，而不是基数）；许多的等级和更多的变化使其具有引人注目的优势，但也可能使其难以追踪观察排名。

点图（Dot Chart）　显示沿一根轴线的几个测量值。当重要的不是每根条形的高度而是条形之间的高度差时，常用于代替条形图。

优点：一种在垂直的或水平的狭小空间内都适用的紧凑形式；比传统的形式（条形图）更容易沿着单一的测试方法来进行比较。

缺点：由于要绘制的点很多，很难有效地标记；如果这很重要，那就消除了所有类别之间的趋势感。

流程图（Flow Chart）　用多边形和箭头表示流程或工作流。通常用于描绘决策，数据如何在系统中移动，或者人们如何与系统交互，如用户在网上购买产品的过程（也称为决策树，它是流程图的一种类型）。

优点：形式化的系统，被普遍接受，用于表示具有多个决策点的流程。

缺点：必须理解已确定的语法（例如，菱形表示决策点；平行四边形表示输入或输出等规则）。

地理图（Map Chart）　也叫地图，用于表现属于现实世界中位置的值的地图。常用于比较国家或地区之间的值，如显示政治立场的地图。

优点：如果看图者熟悉地理，可以很容易找到值并在多个层次上对它们进行比较（即同时按国家和地区比较数据）。

缺点：使用位置的大小来表示其他值，可能会强化或弱化这些位置中编码的值。

层次图（Hierarchy Chart）　用来表示元素集合的关系和相对排名的线和点。通常用来表示某组织的结构，如家庭或公司（也称为组织结构图、家谱或树形图，所有这些都是层次图的类型）。

优点：一种记录和说明关系与复杂结构的易于理解的方法。

缺点：行与方框的方法在显示复杂性方面受到限制；更难显示不那么正式

的关系，如表示人们如何在公司的层级制度之外的合作。

直方图（Histogram）　　基于范围内每个值的出现频率来显示分布情况的条形。常用于显示概率等结果的风险分析模拟（也被错误地称为条形图，实际上条形图用于比较类别之间的值，而直方图则显示变量的值的分布）。

优点：用来显示统计分布和概率的基本图表类型。

缺点：看图者有时会把直方图误认为条形图。

折线图（Line Chart）　　显示值如何变化的一些相互连接的点，通常随时间的推移而变化（连续数据）。常用于通过把多条线画在一起来比较趋势，如几家公司的收入（也称为体温记录图或趋势线）。

优点：大家都熟悉的形式；非常适合于一目了然地表现趋势。

缺点：如果我们重点关注趋势线，将更难看到和探讨离散的数据点；太多的趋势线使人们很难看到任何单根的线。

棒棒糖图（Lollipop Chart）　　类似于点图，但在单个测量值上绘制两个点，用一根线连接，以显示两个值之间的关系。绘制几个棒棒糖图，可以产生类似于浮动条形图的效果，其中的值并不全都固定在同一个点上（也被称为双棒棒糖图）。

优点：既适合水平又适合垂直的紧凑的图表形式；当两个变量之间的差异最重要时，非常适合在它们之间进行多次比较。

缺点：当变量"翻转"（高值是前一个棒棒糖图中的低值）时，多个棒棒糖图之间的比较可能令人困惑；值相似的多个棒棒糖图，使得评估图中的单个项变得困难。

隐喻图　　箭头、金字塔、圆圈和其他公认的图形，用来表示非统计概念。通常用于表示抽象的想法和流程，如业务周期。

优点：能够简化复杂的想法；由于人们对隐喻的普遍认识，所以显得天生就能理解这种图。

缺点：很容易混淆隐喻，误用隐喻，或者过度设计隐喻。

网络图（Arrow Chart）　　连接在一起的节点和线，以显示一个群体中各元素之间的关系。通常用于表示实物之间的相互联系，如计算机或人。

优点：有助于说明节点之间的关系，这些关系在我们采用其他方式时可能很难看出来；突出显示集群和异常值。

缺点：网络往往迅速变得复杂起来。有些网络图虽然漂亮，但可能很难解释。

饼形图（Doughnut Chart）　　被分成若干部分的圆，每个部分代表某个变量在整个值中所占的比例。通常用于显示简单的总数细分，如人口统计（也称为甜甜圈图，它是一种以圆环形式显示的变化图）。

优点：无处不在的图表类型；显示主导份额和非主导份额。

缺点：人们对扇形楔形块的面积估计得不是很好；如果楔形块过多，将使得值难以区分和量化。

桑基图（Sankey Chart）　　显示值是如何分布和传输的箭头或条形。常用于显示物理量的流动，如能量或人（也称为流图）。

优点：使人们易于发现系统流程中的细节；帮助识别主要的组成部分和低效的地方。

缺点：是一种由包含许多组成部分和流动路径的复杂系统构成的图表。

散点图（Scatter Chart/XY Chart）　　对照某一特定数据集的两个变量而绘制的点，表示这两个变量之间的关系。常用于检测和显示相关性，如年龄与收入的关系图。

优点：大多数人都熟悉的基本图表类型；这种空间方法可以很容易地看到相关、负相关、集群和异常值。

缺点：很好地表现了相关性，以至于即使相关性并不意味着因果关系，人们也可能做出因果关系的推测。

斜率图（Slope Chart）　　表示值的简单变化的线。通常用来表示剧烈的变化，或与大多数斜率相反的异常值，如某地区的收入下降，其他所有地区的收入都在上升（也称为折线图）。

优点：创造了一种简单的之前和之后的叙事，无论是单个值还是许多值的总体趋势，都让人很容易看出和掌握。

缺点：排除了两种状态之间值的所有细节；太多纵横交错的线条可能让人很难看到单个值中的变化。

小型多图 一系列小图表，通常是线形图，显示在同一尺度上测量的不同类别。常用于多次显示简单的趋势，如按国家划分的 GDP 趋势（也称为网格图或格状图）。

优点：和将所有的线都叠加在同一个图表中相比，更容易比较多个甚至几十个类别之间的差异。

缺点：如果没有戏剧性的变化或差异，就很难在比较中发现其意义；你在单个图表中看到的这一"事件"就会丢失，如变量之间的交点。

叠加区域图（Area Chart） 也称为区域图，描绘某一随着时间的推移而变化的变量的线条，线条之间的区域用颜色填充，以强调体积或累计总数。通常用于按时间比例显示多个值，如一年中多个产品的销售量。

优点：能很好地显示出比例随时间的变化；强调体积感或积累感。

缺点：太多的"层次"使得每一层都太薄了，以至于很难看到随时间的变化、差异，或者难以追踪观察值的情况。

叠加条形图 被分成若干部分的矩形，每个部分代表某个变量在整体中的比例。通常用于显示简单的分类汇总，如各地区的销量（也称为比例条形图）。

优点：有些人认为它是饼形图的一个更好的替代图表；很好地显示主导份额和非主导份额；可以有效地处理比饼形图更多的类别；水平和垂直都适用。

缺点：包含太多的类别或者将多个堆积条形组合在一起，可能使你很难看到差异和变化。

表格 按列和行排列的信息。通常用于跨多个类别显示单个值，如季度财务业绩。

优点：使每个单个的值都可用；与相同信息的单调版本相比，更容易阅读和比较值的情况。

缺点：难以对趋势产生粗略的了解，也很难对几组值进行快速比较。

树形图（Dendrogram） 被分割成更小矩形的矩形，每个更小矩形代表某个变量与整个值的比例。常用于表示等级比例，如按类别和子类别划分的预算。

优点： 显示详细比例分解的紧凑形式；克服了饼形图的许多楔形块的限制。

缺点： 以细节为导向的形式，不适合快速理解；太多的类别会造成令人震惊但难以解析的视觉效果；通常需要能够精确排列正方形的软件。

单位图　用于表示与分类变量相关的单个值的集合的点或图标。通常用于显示实物的记录，如花费的金额或者流行病中的患者（也称为点图）。

优点： 以比某些统计演示更加具体、更加形象的方式来表现值。

缺点： 太多的单元类别可能使你难以将精力集中在核心的意义上；要拥有强大的设计能力，才能使单位的安排最有效。

附录 1.2　Excel 图表汇总

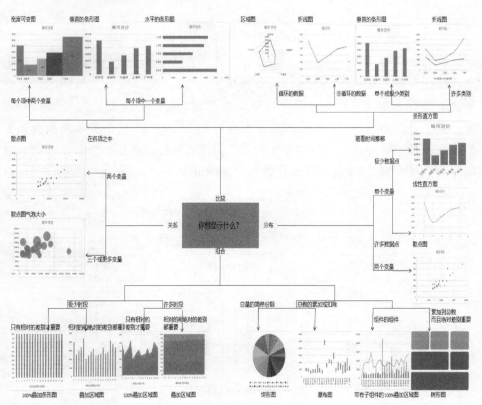

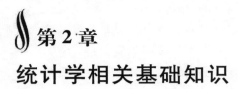

第2章
统计学相关基础知识

2.1 统计数据及其类型

统计学（Statistics）是收集、整理、分析、表述和解释数据的科学和艺术。统计学离不开数据，也被称为"数据的科学"。统计数据从不同的角度有不同的分类方式。按照所采用的计量尺度不同，可以将统计数据分为分类数据、顺序数据和数值型数据；按照数据收集方法的不同，可分为观测数据和实验数据；按照被描述的对象与时间的关系，可以将统计数据分为截面数据和时间序列数据。图2-1给出了统计数据分类的框图。

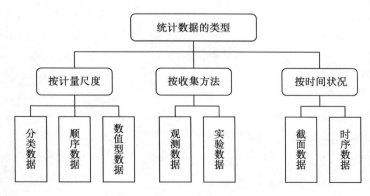

图2-1 统计数据的分类

区分数据的类型是很重要的。因为对不同类型的数据，我们需要采用不同的统计方法来处理和分析。例如，对于分类数据，通常计算出各组的频数或频率，计算其众数和异众比率，进行列联表分析和 χ^2 检验等；对顺序数据，可以计算其中位数和四分位差以及等级相关系数等；对于数值型数据，可以用更多的统计方法进行分析，如计算各种统计量、进行参数估计和检验等。

分类数据（Categorical Data）是只能归于某一类别的非数字型数据，它是对事物进行分类的结果，数据则表现为类别，是用文字来表述的；顺序数据（Rank Data）是只能归于某一有序类别的非数字型数据。顺序数据也是对事物进行分类的结果，但这些类别是有顺序的。顺序数据要比分类数据精确一些，它除了具有等于或不等于的数学特性外，还具有大于或小于的数学特性；数值型数据（Metric Data）是使用自然或度量衡单位对事物进行计量的结果，其结果表现为具体的数值。例如，收入用人民币元度量，考试成绩用百分制度量，温度用摄氏或华氏的度来度量，其结果都表现为具体的数值。因此，数值型数据可以进行加、减、乘、除运算。实际工作中统计所处理的大多属于数值型数据。

分类数据和顺序数据说明事物质的特征，通常用文字来表述，其结果均表现为类别，因而也可称为定性数据或品质数据（Qualitative Data）；数值型数据说明现象量的特征，通常用数值来表达，因此也可称为定量数据或数量数据（Quantitative Data）。

观测数据（Observational Data）是通过调查或观测而收集到的数据，这类数据是在没有对事物人为控制的条件下而得到的，有关社会经济现象的统计数据几乎都是观测数据；试验数据（Experimental Data）是在试验中控制试验对象而收集到的数据。自然科学领域的数据大多数都为试验数据，如生物实验数据、产品性能试验数据、药物实验数据等，都属于实验数据。随着试验方法在经济领域的应用，逐步形成了实验经济等学科，在经济领域也出现了实验数据。

按照被描述的现象与时间的关系，可以将统计数据分为截面数据和时间序列数据。在相同或近似相同的时间点上收集的数据，称为截面数据（Cross – sectional Data）。截面数据所描述的是现象在某一时刻的变化情况，它通常是在不同的空间上获得的数据。例如，2020 年我国各地区 GDP 数据就是截面数据；在不同时间上收集到的数据，称为时间序列数据（Time Series Data）。时间序列数据是按着时间顺序收集到的，用于描述现象随时间而变化的情况。例如，2010—2020 年我国 GDP 数据就是时间序列数据。

2.2　统计学常用的基本概念

统计学的概念众多，其中有些概念是经常要用到的，有必要单独加以介绍。这些概念包括总体和样本、参数与统计量、变量，还有测度统计值等。

2.2.1　总体和样本

包含所研究的全部个体（数据）的集合，称为总体（Population）。

总体通常是由所研究的一些个体组成，如由多个企业构成的集合、多个居民户构成的集合、多个人构成的集合，等等。组成总体的每一个元素称为个体：在由多个企业构成的总体中，每个企业就是一个个体；在由多个居民户构成的总体中，每个居民户就是一个个体；在由多个人构成的总体中，每个人就是一个个体。

总体范围的确定有时比较容易。例如，要检验一批灯泡的使用寿命，那么这一批灯泡构成的集合就是总体，其中的每一个灯泡就是一个个体，该总体的范围很清楚。但在有些场合，总体范围的确定则比较困难。例如，对于新推出的一种饮料，要想知道消费者是否喜欢，首先必须弄清哪些人是消费对象，也就是要确定构成该饮料的消费者这一总体。但事实上，我们很难确定哪些消费者消费了该饮料，所以该总体范围的确定就十分复杂。当总体的范围难以确定时，我们可以根据研究的目的来定义总体。

总体根据其所包含的单位数目是否可数，分为有限总体和无限总体。有限总体是指总体的范围能够明确确定，而且元素的数目是有限可数的。例如，由若干个企业构成的总体就是有限总体，一批待检验的灯泡就是有限总体。无限总体是指总体所包括的元素是无限的、不可数的。例如，在科学试验中，每一个试验数据可以看作是一个总体的一个元素，而试验可以无限地进行下去，因此由试验数据构成的总体就是一个无限总体。

总体分为有限总体和无限总体主要是为了判别在抽样中每次抽取是否独立。对于无限总体，每次抽取一个单位，并不影响下一次的抽样结果，因此每次抽取可以看作是独立的。对于有限总体，在抽取一个单位后，总体元素就会减少一个，前一次的抽样结果往往会影响第二次的抽样结果，因此每次抽取是不独立的。这些因素会影响到抽样推断的结果。

最后，我们再对总体的概念做进一步的说明。如前所述，要检验一批灯泡的寿命，那么这一批灯泡构成的集合就是总体。在统计问题中，我们只关心每只灯泡的寿命，而不是灯泡本身，所以也可以把这一批灯泡的寿命集合作为总体，这个总体是一些实数构成的集合。一般而言，有限总体就是有限个实数的集合。如果不是针对一批特定的灯泡，而是全面地考察某企业生产的灯泡寿命，那么灯泡的可能寿命是多少呢？答案是［0，+∞）这样一个区间。换个角度来看这个问题，随机地从该企业生产的灯泡中拿出一只，问这只灯泡可能的寿命是多少，答案只能是"非负实数"。当然，这个"非负实数"在实际检验前是未知的。此时，我们称该企业生产的灯泡寿命总体是取值于［0，+∞）区间上的一个随机变量，这是一个无限总体。在统计推断中通常是针对无限总体的，因而我们通常把总体看作随机变量。

在通常情况下，统计上的总体是一组观测数据，而不是一群人或一些物品的集合。

从总体中抽取的一部分元素的集合，称为样本（Sample）。

构成样本的元素数目，称为样本量（Sample Size），或称为样本容量。

从总体中抽取一部分元素作为样本，目的是要根据样本提供的有关信息去推断总体的特征。例如，我们从一批灯泡中随机抽取 100 个，这 100 个灯泡就构成了一个样本，然后根据这 100 个灯泡的平均使用寿命去推断这一批灯泡的平均使用寿命。

2.2.2 参数和统计量

用来描述总体特征的概括性数字度量，称为参数（Parameter）。

参数是研究者想要了解的总体的某种特征值。我们所关心的参数通常有总体平均数、总体标准差、总体比例等。在统计中，总体参数通常用希腊字母表示。例如，总体平均数用 μ（mu）表示；总体标准差用 σ（sigma）表示；总体比例用 π（pi）表示，等等。

由于总体数据通常是不知道的，所以参数是一个未知的常数。例如，我们不知道某一地区所有人口的平均年龄，不知道一个城市所有家庭的收入差异，不知道一批产品的合格率，等等。正因如此，所以才进行抽样，然后根据样本计算出某些特征值，进而去估计总体参数。

用来描述样本特征的概括性数字度量，称为统计量（Statistic）。

统计量是根据样本数据计算出来的一个量，它是样本的函数。通常来说，我们关心的统计量有样本平均数、样本标准差、样本比例等。样本统计量通常用英文字母来表示。例如，样本平均数用 $\bar{x}$（读作 $x - bar$）表示，样本标准差用 s 表示，样本比例用 p 表示。

由于样本已经抽出，所以统计量为已知。抽样的目的就是要根据样本统计量去估计总体参数。例如，用样本平均数（$\bar{x}$）来估计总体平均数（μ）；用样本标准差（s）来估计总体标准差（σ）；用样本比例（p）来估计总体比例（π）。

有关总体、样本、参数、统计量，如图 2 - 2 所示。

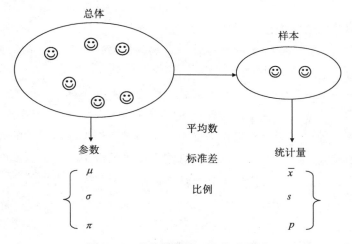

图 2 - 2　总体和样本、参数和统计

除了样本均值、样本比例、样本标准差这类统计量外，还有一些是为统计分析的需要而构造出来的统计量。例如，用于统计检验的 Z 统计量、t 统计量、F 统计量，等等，限于篇幅本书不赘述，感兴趣的同学可参看相关教材。

2.2.3 变量

1. 说明现象某种特征的概念，称为变量（Variable）。变量的特点是从一次观察到下一次观察会呈现出差别或变化，如商品销售额、受教育程度、产品的质量等级等都是变量。变量的具体取值称为变量值。例如，商品销售额可以是 20 万元、30 万元、50 万元，这些数字就是变量值。统计数据就是统计变量的某些取值。变量可以分为以下几种类型：

2. 说明事物类别的一个名称，称为分类变量（Categorical Variable）。分类变量的数值取值就是分类数据，如性别就是个分类变量，其变量值为男或女；行业也是一个分类变量，其变量值可以为零售业、旅游业、汽车制造业，等等。

3. 说明事物有序类别的一个名称，称为顺序变量（Rank Variable）。顺序变量的取值就是顺序数据。如产品等级就是个顺序变量，其变量值可以为一等品、二等品、三等品、次品等；受教育程度也是一个顺序变量，其变量值可以为小学、初中、高中、大学等；一个人对某种事物的看法也是一个顺序变量，其变量值可以为同意、保持中立、反对，等等。

4. 说明事物数字特征的一个名称，称为数值型变量（Metric Variable）。数值型变量的取值就是数值型数据，如产品产量、商品销售额、零件尺寸、年龄、时间等都是数值型变量，这些变量可以取不同的数值。数值型变量根据其取值的不同，可以分为离散变量和连续变量。

5. 只能取可数值的变量，称为离散型变量（Discrete Variable）。离散型变量只能取有限个值，而且其取值都以整位数断开，可以一一列举，如企业数、产品数量等就是离散变量。

6. 可以在一个或多个区间中取任何值的变量，称为连续型变量（Continuous Variable）。连续型变量的取值是连续不断的，不能一一列举，如年龄、温度、零件尺寸的误差等都是连续变量。在对社会和经济问题的研究中，当离散变量的取值很多时，也可以将离散变量当作连续变量来处理。

变量这一概念以后要经常用到，但多数情况下我们所说的变量主要是指数值型变量，大多数统计方法所处理的也都是数值型变量。

2.3　三种描述统计量

2.3.1　关于集中趋势的度量

数据分布的特征及其规律性主要从三个方面进行测度：一是分布的集中趋势，反映各数据向其中心值靠拢的程度；二是分布的离散程度，反映各数据远离其中心值的程度；三是分布的形状，反映数据分布的偏态和峰态。这三个方面分别描述了数据分布特征的不同侧面，本章重点讨论各测度值的计算方法、特点及其应用场合。

各种统计量都有不同的特点，适用于不同的应用场合，本章后面介绍了用Excel计算描述统计量的方法和步骤，以及计算描述统计量的几个主要函数。

集中趋势（Central Tendency）是指一组数据向某一中心值靠拢的程度，它反映了一组数据中心点的位置所在。描述数据集中趋势的统计量主要有平均数、中位数和分位数以及众数等。

1. 平均数。一组数据相加后除以数据的个数而得到的结果，称为平均数，也称为均值（Mean）。

平均数是度量数据水平的常用统计量，在参数估计及假设检验中经常用到。

设一组样本数据为 $x_1, x_2, \cdots, x_n$ ，样本量（样本数据的个数）为 n ，则样本平均数用 $\bar{x}$ （读作 $x - \mathrm{bar}$）表示，计算公式如下：

$$\bar{x} = \frac{x_1 + x_2 + \cdots + x_n}{n} = \frac{\sum\limits_{i=1}^{n} x_i}{n} \qquad (2.1)$$

式（2.1）也被称为简单平均数（Simple Mean）。

2. 中位数和分位数。在一组数据中，可以找出处在某个位置上的数值，用该数值代表数据的集中趋势。这些位置上的数值就是相应的分位数，其中有中位数、四分位数、十分位数、百分位数等。

（1）中位数。一组数据排序后处于中间位置上的变量值，称为中位数（Median），用 Me 表示。

中位数将全部数据等分成两部分，每部分包含 50% 的数据，一部分数据比中位数大，另一部分则比中位数小。中位数是用中间位置上的值代表数据的水平，其特点是不受极端值的影响，在研究收入分配时很有用。

计算中位数时，要先对 n 个数据进行排序，然后确定中位数的位置，最后确定中位数的具体数值。设一组数据 $x_1, x_2, \cdots, x_n$ 按从小到大排序后为 $x_{(1)}$，$x_{(2)}, \cdots, x_{(n)}$，则中位数就是 $(n+1)/2$ 位置上的值。计算公式如下：

$$M_e = \begin{cases} x_{\left(\frac{n+1}{2}\right)} & n \text{ 为奇数} \\ \dfrac{1}{2}\left\{x_{\left(\frac{n}{2}\right)} + x_{\left(\frac{n}{2}+1\right)}\right\} & n \text{ 为偶数} \end{cases} \tag{2.2}$$

（2）四分位数。与中位数类似的还有四分位数、十分位数（Decile）和百分位数（Percentile）等。它们分别是用 3 个点、9 个点和 99 个点将数据 4 等分、10 等分和 100 等分后各分位点上的值。

一组数据排序后处于 25% 和 75% 位置上的值，称为四分位数，也称四分位点（Quartile）。

四分位数是通过 3 个点将全部数据等分为 4 部分，其中每部分包含 25% 的数据。很显然，中间的四分位数就是中位数，因此，通常所说的四分位数是指处在 25% 位置上的数值和处在 75% 位置上的数值。

与中位数的计算方法类似，根据原始数据计算四分位数时，首先对数据进行排序，然后确定四分位数所在的位置，该位置上的数值就是四分位数。与中位数不同的是，四分位数位置的确定方法有几种，每种方法得到的结果会有一定差异，但差异不会很大。由于不同的统计软件使用的计算方法可能不一样，因此，对同一组数据用不同软件得到的四分位数结果也可能会有所差异，但不会影响对问题的分析。下面是 25% 和 75% 位置上的四分位数位置的确定方法[①]。

设 25% 四分位数为 Q_L，75% 四分位数为 Q_U，根据四分位数的定义有：

$$Q_L \text{ 位置} = \frac{n}{4} ; Q_U \text{ 位置} = \frac{3n}{4} \tag{2.3}$$

---

① SPSS 软件给出的四分位数位置的确定方法是：Q_L 位置 $= \dfrac{n+1}{4}$；Q_U 位置 $= \dfrac{3(n+1)}{4}$。Excel 给出的四分位数位置的确定方法是：Q_L 位置 $= \dfrac{n+3}{4}$，Q_U 位置 $= \dfrac{3n+1}{4}$。

如果位置是整数，四分位数就是该位置对应的值；如果是在整数加 0.5 的位置上，则取该位置两侧值的平均数；如果是在整数加 0.25 或 0.75 的位置上，则四分位数等于该位置前面的值加上按比例分摊位置两侧数值的差值。

除平均数、中位数和四分位数外，有些时候也会使用众数作为数据水平的度量。众数（Mode）是一组数据中出现频数最多的数值，用 M_o 表示。一般情况下，只有在数据量较大时众数才有意义。从分布的角度看，众数是一组数据分布的最高峰点所对应的数值。如果数据的分布没有明显的最高峰点，众数也可能不存在；如果有两个最高峰点，也可以有两个众数。

3. 各度量值的比较。平均数、中位数和众数是描述数据集中趋势的三个主要统计量，要理解它们并不困难，但要合理使用则需要了解它们的不同特点和应用场合。平均数易被多数人理解和接受，实际中用得也较多，但主要缺点是易受极端值的影响，对于严重偏态分布的数据，平均数的代表性较差。中位数和众数提供的信息不像平均数那样多，但它们也有优点，如不受极端值的影响，具有统计上的稳健性，当数据为偏态分布，特别是偏斜程度较大时，可以考虑选择中位数或众数，这时它们的代表性要比平均数好。

从分布角度看，平均数则是全部数据的算术平均，中位数是处于一组数据中间位置上的值，而众数始终是一组数据分布的最高峰值。因此，对于具有单峰分布的大多数数据而言，如果数据的分布是对称的，平均数（$\bar{x}$）、中位数（M_e）和众数（M_o）必定相等；如果数据是明显的左偏分布，说明数据存在极小值，必然拉动平均数向极小值一方靠拢，而众数和中位数由于是位置代表值，不受极值的影响，此时有 $\bar{x} < M_e < M_o$；如果数据是明显的右偏分布，说明数据存在极大值，必然拉动平均数向极大值一方靠拢，则有 $M_o < M_e < \bar{x}$。一般来说，数据分布对称或接近对称时，建议使用平均数；数据分布明显偏态时，可考虑使用中位数或众数。

2.3.2　关于离中程度的度量

集中趋势只是数据分布的一个特征，它所反映的是各变量值向其中心值聚集的程度。而各变量值之间的差异状况如何呢？这就需要考察数据的分散程度。数据的分散程度是数据分布的另一个重要特征，它所反映的是各变量值远离其中心值的程度，因此也称为离中趋势。集中趋势的各测度值是对数据水平的一个概括性度量，它对一组数据的代表程度，取决于该组数据的离散水平。

数据的离散程度越大，集中趋势的测度值对该组数据的代表性就越差，离散程度越小，其代表性就越好。而离中趋势的各测度值就是对数据离散程度所做的描述。

描述数据离散程度采用的测度值，常用的主要有极差、四分位差、方差和标准差以及测度相对离散程度的离散系数等。

1. 极差和四分位差。

（1）极差。一组数据的最大值与最小值之差，称为极差（Range），也称全距，用 R 表示。

极差的计算公式为：

$$R = \max(x_i) - \min(x_i) \tag{2.4}$$

极差是描述数据离散程度的最简单测度值，计算简单，易于理解，但它容易受极端值的影响。由于极差只是利用一组数据两端的信息，不能反映出中间数据的分散状况，因而不能准确描述出数据的分散程度。

（2）四分位差。上四分位数与下四分位数之差，称为四分位差（Quartile Deviation），也称为内距或四分间距（Inter – quartile Range），用 Q_d 表示。

四分位差的计算公式为：

$$Q_d = Q_U - Q_L \tag{2.5}$$

四分位差反映了中间 50% 数据的离散程度。其数值越小，说明中间的数据越集中；数值越大，说明中间的数据越分散。四分位差不受极值的影响。此外，由于中位数处于数据的中间位置，因此，四分位差的大小在一定程度上也说明了中位数对一组数据的代表程度。

2. 平均差。如果考虑每个数据 x_i 与其平均数 $\bar{x}$ 之间的差异，以此作为一组数据差异水平的度量，结果就要比极差和四分位差更为全面和准确。这就需要求出每个数据 x_i 与其平均数 $\bar{x}$ 离差的平均数。但由于 $(x_i - \bar{x})$ 之和等于 0，需要进行一定的处理。一种方法是将离差取绝对值，求和后再平均，这一结果称为平均差。

平均差以平均数为中心，反映了每个数据与平均数的平均差异程度，它能全面准确地反映一组数据的离散状况。平均差越大，说明数据的离散程度就越大；反之，则说明数据的离散程度就越小。为了避免离差之和等于 0 而无法计算平均差这一问题，平均差在计算时对离差取了绝对值，以离差的绝对值来表示总离差，这就给计算带来了不便，因而实际中应用较少。但平均差的实际意义比较清楚，容易理解。

3. 方差和标准差。

（1）方差。平均差在数学处理上是通过绝对值消去离差的正负号，如果用平方的办法消去离差的正负号，则更便于数学上的处理。这样计算的离差平均数称为方差。方差（或标准差）是实际中应用最广泛的离散程度测度值，它反映了每个数据与其平均数相比平均相差的数值，因此它能准确地反映出数据的离散程度。

各变量值与其平均数离差平方的平均数，称为方差（Variance）。

设样本方差为 s^2，根据未分组数据和分组数据计算样本方差的公式分别为：

未分组数据：
$$s^2 = \frac{\sum_{i=1}^{n} (x_i - \bar{x})^2}{n - 1} \tag{2.6}$$

分组数据：
$$s^2 = \frac{\sum_{i=1}^{k} (M_i - \bar{x})^2 f_i}{n - 1} \tag{2.7}$$

（2）标准差。方差的平方根，称为标准差（Standard Deviation）。与方差不同的是，标准差是具有量纲的，它与变量值的计量单位相同，其实际意义要比方差清楚。因此，在对实际问题进行分析时更多地使用标准差。标准差的计算公式分别为：

未分组数据：
$$s = \sqrt{\frac{\sum_{i=1}^{n} (x_i - \bar{x})^2}{n - 1}} \tag{2.8}$$

分组数据：
$$s = \sqrt{\frac{\sum_{i=1}^{k} (M_i - \bar{x})^2 f_i}{n - 1}} \tag{2.9}$$

统计软件中的描述统计部分都有方差和标准差的输出选项。使用 Excel 中的统计函数【STDEV】可以计算样本标准差，常用的一些统计函数会在后面介绍。

4. 离散系数：比较几组数据的离散程度。标准差是反映数据差异水平的绝对值。一方面，标准差数值的大小受原始数据绝对值大小的影响，绝对值大的，标准差的值自然也就大；绝对值小的，标准差的值自然也就小。另一方面，标准差与原始数据的计量单位相同，采用不同计量单位计量的数据，其标准差的值也就不同。因此，对于不同组别的数据，如果原始数据的绝对值相差较大或计量单位不同时，就不能用标准差直接比较其离散程度，这时需要计算离散系数。

一组数据的标准差与其相应的平均数之比，称为离散系数（Coefficient of Variation），也称为变异系数。

离散系数的计算公式为：

$$v_s = \frac{s}{\bar{x}} \tag{2.10}$$

离散系数主要用于比较不同样本数据的离散程度。离散系数大的说明数据的离散程度也就大，离散系数小的说明数据的离散程度也就小[①]。

5. 标准分数。有了平均数和标准差之后，可以计算一组数据中每个数值的标准分数，以测度每个数值在该组数据中相对位置，并可以用它来判断一组数据是否有离群点。例如，全班的平均考试分数为 80 分，标准差为 10 分，而你的考试分数是 90 分，距离平均分数有多大距离，显然是 1 个标准差的距离。这里的 1 就是你考试成绩的标准分数。标准分数说的是某个数据与平均数相比相差多少个标准差。

变量值与其平均数的离差除以标准差后的值，称为标准分数（Standard Score），也称标准化值或 z 分数。

设标准分数为 z，计算公式为：

$$z_i = \frac{x_i - \bar{x}}{s} \tag{2.11}$$

式（2.11）是统计中常用的标准化公式，在对多个具有不同量纲的变量进行处理时，常常需要对各变量的数据进行标准化处理，也就是把一组数据转化成具有平均数为 0、标准差为 1 的新数据。实际上，标准分数只是将原始数据进行了线性变换，它并没有改变某个数值在该组数据中的位置，也没有改变该组数据分布的形状。

根据标准分数，可以判断一组数据中是否存在离群点。一组数据中在平均数 ±3 个标准差的范围之外的变量值是很少见的，几乎所有的数据都应包含在平均数 ±3 个标准差的范围之内，而在 ±3 个标准差范围之外的数据，就是统计上的离群点（Outlier）。

①　当平均数接近 0 时，离散系数的值趋于无穷大，此时必须慎重解释。

2.3.3　关于偏态与峰态的度量

通过直方图和茎叶图等可以知道数据的分布是否对称。对于不对称的分布，要想知道不对称的程度则需要计算相应的描述统计量。偏态系数和峰态系数就是对分布对称程度和峰值高低的一种度量。

1. 偏态及其测度。

偏度一词是由统计学家 Pearson 于 1895 年首次提出的，它是对数据分布对称性的测度。

数据分布的不对称性，称为偏度（Skewness）。

判别偏态的方向并不困难，但要测度偏斜的程度则需要计算偏度系数（Coefficient of Skewness）。计算公式为：

在根据未分组的原始数据计算偏度系数时，通常采用下面的公式：

$$SK = \frac{n}{(n-1)(n-2)} \sum \left(\frac{x_i - \bar{x}}{s} \right)^3 \tag{2.12}$$

偏态度数测度了数据分布的非对称性程度。如果一组数据的分布是对称的，则偏度系数等于 0；如果偏度系数明显不同于 0，表明分布是非对称的。若偏度系数大于 1 或小于 -1，被称为高度偏斜分布；若偏度系数在 0.5 ~ 1 或 -0.5 ~ -1 之间，被认为是中等偏斜分布；偏态系数越接近 0，偏斜程度就越低。其中，负值表示左偏分布（在分布的左侧有长尾），正值则表示右偏（在分布的右侧有长尾）。例如，计算的偏度系数为 0.4，表明数据的分布有一定的偏斜，且为右偏，但偏斜程度不大。

根据分组数据计算偏度系数，可采用下面的公式为：

$$SK = \frac{\sum_{i=1}^{k} (M_i - \bar{x})^3 f_i}{ns^3} \tag{2.13}$$

式中：s^3 是样本标准差的三次方。

从式（2.13）可以看到，它是离差三次方的平均数再除以标准差的三次方。当分布对称时，离差三次方后正负离差可以相互抵消，因而 SK 的分子等于 0，则 $SK = 0$；当分布不对称时，正负离差不能抵消，就形成了正或负的偏度系数 SK。当 SK 为正值时，表示正偏离差值较大，可以判断为正偏或右偏；反之，当 SK 为负值时，表示负离差数值较大，可判断为负偏或左偏。在计算

SK 时，将离差三次方的平均数除以 s^3 是将偏度系数转化为相对数。SK 的数值越大，表示偏斜的程度就越大。

2. 峰态及其测度。

峰度一词是由统计学家 Pearson 于 1905 年首次提出的。它是对数据分布平峰或尖峰程度的测度。

数据分布的平峰或尖峰程度，称为峰度（Kurtosis）。

对峰态的测度需要计算峰度系数（Coefficient of Kurtosis）。设峰度系数为 K ，在根据未分组数据计算峰度系数时，通常采用下面的公式：

$$K = \frac{n(n+1)}{(n-1)(n-2)(n-3)} \sum \left(\frac{x_i - \bar{x}}{s} \right)^4 - \frac{3(n-1)^2}{(n-2)(n-3)} \qquad (2.14)$$

根据分组数据计算峰度系数是用离差四次方的平均数，再除以标准差的四次方，其计算公式为：

$$K = \frac{\sum_{i=1}^{k} (M_i - \bar{x})^4 f_i}{ns^4} - 3 \qquad (2.15)$$

式中：s^4 是样本标准差的四次方。

式（2.15）将离差的四次方除以 s^4 是为了将峰度系数转化成相对数。用峰度系数说明分布的尖峰和扁平程度，是通过与标准正态分布的峰度系数进行比较而言的。由于正态分布的峰度系数为 0，当 $K > 0$ 时为尖峰分布，数据的分布也更集中；当 $K < 0$ 时为扁平分布，数据的分布也越分散。

需要注意的是，式（2.15）中也可以不减 3，此时的比较标准是 3。当 $K > 3$ 时为尖峰分布，当 $K < 3$ 时为扁平分布。

峰度通常是与标准正态分布相比较而言的。如果一组数据服从标准正态分布，则峰度系数的值等于 0，若峰度系数的值明显不同于 0，表明分布比正态分布更平或更尖，通常称为平峰分布或尖峰分布，如图 2-3 所示。

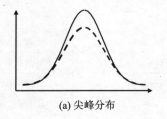
(a) 尖峰分布

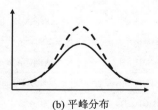
(b) 平峰分布

图 2-3　尖峰分布与平峰分布示意图

　　上述介绍的偏态与峰态所刻画的是数据分布的图形形状，其测度值偏态系数与峰态系数一般适用于样本容量较大时。此外，还可以验证在数据进行线性变换的情况下，偏态系数和峰态系数不变。

2.4　Excel 中关于数据分布的主要函数

　　本章所介绍的用于描述数据分布特征的各种测度值，绝大多数都可以通过统计软件中的描述统计程序直接得出，或者利用软件中的统计函数计算得到。下面具体给出利用 Excel 的【数据分析】工具计算描述统计量的操作步骤。

用 Excel 计算描述统计量的操作步骤

第 1 步：选择【工具】菜单，并选择【数据分析】命令。

第 2 步：在分析工具中选择【描述统计】，并点击【确定】。

第 3 步：在出现的对话框中，将原始数据所在区域输入【输入区域】；在【输出选项】中选择结果的输出位置；选择【汇总统计】，并点击【确定】。

　　表 2-1 给出了用 Excel 计算描述统计量的几个主要函数。

表 2-1　　　　　　　　　　　　Excel 中的描述统计函数

函数名	语法	功能
AVEDEV	AVEDEV（number1，number2，...）	计算平均差
AVERAGE	AVERAGE（number1，number2，...）	计算平均数
GEOMEAN	GEOMEAN（number1，number2，...）	计算几何平均数
HARMEAN	HARMEAN（number1，number2，...）	计算简单调和平均数
KURT	KURT（number1，number2，...）	计算峰度系数
MODE	MODE（number1，number2，...）	计算众数
MEDIAN	MEDIAN（number1，number2，...）	计算中位数
QUARTILE	QUARTILE（array，quart）	计算四分位数

续表

函数名	语法	功能
SKEW	SKEW（number1，number2，...）	计算偏度系数
STDEV	STDEV（number1，number2，...）	计算样本标准差
STDEVP	STDEVP（number1，number2，...）	计算总体标准差
TRIMMEAN	TRIMMEAN（array，percent）	计算切尾均值

图 2-4 总结了数据的分布特征和适用的描述统计量。

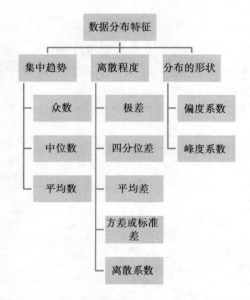

图 2-4　数据分布的特征与适用的描述统计量

关键术语总结（中英对照）如下：

众数（Mode）、中位数（Median）、四分位数（Quartiles）、平均数（Mean）、异众比率（Variation）、四分位差（Quartile Deviation）、平均差（Mean Deviation）、方差（Variance）、标准差（Standard Deviation）、离散系数（Coefficient of Variation）、偏度（Skewness）、峰度（Kurtosis）。

∮ 第3章
假设检验

假设检验和参数估计是推断统计的两种不同形式和组成部分，参数估计是利用样本信息推断未知的总体参数，而假设检验则是先对总体参数提出一个假设值，然后利用样本信息判断这一假设是否成立。本章首先介绍有关假设检验的一些基本原理，然后介绍一个总体参数的检验方法。

3.1 假设检验的基本原理

3.1.1 假设检验的基本思想

现实生活中，人们经常要对某个总体参数的"假设"做出正确与否的判断。假设检验的基本思想是，利用样本信息来对总体参数提出的一个假设值做出拒绝和不拒绝的决策。那么，做出决策的依据是什么呢？我们将其称为"小概率原理"。所谓小概率原理，是指概率很小的事件在一次试验中是不可能发生的。在实际的抽样推断中，我们可以将样本提供的信息看作是一次随机试验的结果，在某一假设成立的前提下，一些情况的出现便成为小概率事件。如果根据样本（一次随机试验的结果）构造出的统计量的概率很小，则违背了"小概率原理"，我们便做出拒绝原假设的决定，否则，不拒绝原假设。

例如，某航空公司规定售票时间为2分钟，则我们会做出该公司平均售票时间为2分钟这一假设。假设（Hypothesis）是对总体参数的一种事先猜想，并将这种猜想的具体数值陈述出来，也可称为统计假设。我们现在要检查航空公司售票时间是否超时，随机抽取了 30 位顾客来检验。在公司符合规定的前提条件下，抽取的样本均值应在 2 分钟以内，而超过 2 分钟被视为该航空公司符合规定前提下的小概率事件，小概率事件可以发生，但可能性很小，尤其在一次随机试验中不应该发生，可我们抽取的结果表明平均售票时间为 2.18 分钟，那么超出的 0.18 分钟是否可以仅凭偶然性这个因素来解释，或者说，是否有充足的理由（而非绝对的证明，因为数据有随机性）来否定这种解释。如果这种差异由系统性因素引起，那么这种差异是显著的，就要否定原来的假设，就本例来讲，说明航空公司售票超时了；如果这种差异由随机抽样的偶然性引起，则差异就是不显著的，就不能否定原来的假设，我们认为公司达到了规定要求，售票时间没有超时。

假设检验（Hypothesis Test）是对总体参数提出假设的基础上，利用样本信息来判断假设是否成立的一种统计方法。一个假设的提出总是以一定的理由为基础的，但这些理由通常又是不完全充分的，因而产生了"检验"的需求，也就是要进行判断。进行假设检验，有一套规范的程序，为此，我们要先了解以下基本概念。

3.1.2　原假设和备择假设及其提出

在假设检验中，首先需要提出两种假设，即原假设和备择假设。

通常将研究者通过检验希望予以反对的假设称为原假设（Null Hypothesis），是被检验的假设，或称零假设，用 H_0 表示；而将研究者通过检验希望支持的假设称为备择假设（Alternative Hypothesis），或称研究假设，用 H_1 表示，是在原假设被拒绝时予以支持的假设。

原假设认为总体参数没有变化或变量之间没有关系，而备择假设认为总体参数发生了变化或变量之间有某种关系，二者是一个对立的完备事件组。备择假设通常是用于支持研究者的看法，比较清楚，容易确定，所以在建立假设时，通常是先确定备择假设，然后再确定原假设，只要与备择假设对立即可。

在假设检验中，研究者感兴趣的备择假设的内容，可以是原假设 H_0 某一特定方向的变化，也可以是一种没有特定方向的变化。

备择假设具有特定的方向性，并含有符号" > "或" < "的假设检验，称为单侧检验或单尾检验（One－tailed Test）；备择假设没有特定的方向性，并含有符号" ≠ "的假设检验，称为双侧检验或称双尾检验（Two－tailed

Test）。

　　在单侧检验中，由于研究者感兴趣的方向不同，又可分为左侧检验和右侧检验。如果研究者感兴趣的备择假设的方向为"＜"，称为左侧检验；如果研究者感兴趣的备择假设的方向为"＞"，称为右侧检验。下面将分别举例说明。

　　设 μ 为总体均值，μ_0 为假设的参数的具体数值，可将假设检验的基本形式总结如下，如表 3 – 1 所示。

表 3 – 1　　　　　　　　　　假设检验的基本形式

假设	双侧检验	单侧检验	
		左侧检验	右侧检验
原假设	$H_0:\mu = \mu_0$	$H_0:\mu \geq \mu_0$	$H_0:\mu \leq \mu_0$
备择假设	$H_1:\mu \neq \mu_0$	$H_1:\mu < \mu_0$	$H_1:\mu > \mu_0$

　　需要强调的是，在假设检验中，等号"＝"总是放在原假设上，因为原假设的内容总是表示参数没有差异或没有改变，或变量间没有关系，等等。同时，这也是希望原假设涵盖备择假设 H_1 不出现的所有情况。

　　确定原假设和备择假设在假设检验中十分重要，它直接关系到检验的结论。

　　尽管通过原假设与备择假设的概念就能确定两个假设的内容，但实质上它们是带有一定的主观色彩的，因为所谓的"将研究者对总体参数值提出的假设"和"研究者通过检验希望支持的假设"显然最终仍都取决于研究者本人的意向。所以，在面对某一实际问题时，由于不同的研究者有不同的研究目的，即使对同一问题也可能提出截然相反的原假设和备择假设，这是十分正常的，也并不违背关于原假设与备择假设的最初定义。无论怎样确定假设的形式，只要它们符合研究者的最终目的，便是合理的。例如，某研究机构认为由于接打电话而造成交通事故的比例超过 30%，他想收集证据予以证实，所以它支持的备择假设就是 $H_1: \pi > 30\%$；若是某机构提出接打电话而造成交通事故的比例超过 30% 这种假设，而另一机构想检验其结论是否正确，则作为研究者倾向于该比例低于 30%，否则，就没有检验的必要了，所以此时研究机构感兴趣的是备择假设 $H_1: \pi < 30\%$。

　　正确提出并陈述原假设与备择假设后，假设检验需要根据样本的信息做出拒绝与不拒绝原假设的决策。那么，我们做出的决策是否完全正确呢？

3.1.3　假设检验中的两类错误

假设检验的目的是要根据样本信息做出决策。显然，研究者总是希望能做出正确的决策，但由于决策是建立在样本信息的基础之上，而样本又是随机的，因而就有可能犯错误。

原假设与备择假设不能同时成立，即要么拒绝原假设 H_0，要么不拒绝原假设 H_0。研究者希望的情况是：当原假设 H_0 正确时没有拒绝它，当原假设 H_0 不正确时拒绝它，但实际检验中很难保证不犯错误。假设检验过程中可能发生以下两类错误：

当原假设为正确时拒绝原假设，所犯的错误称为第一类错误（Type Ⅰ Error），又称弃真错误，犯第一类错误的概率通常记为 α；当原假设为错误时没有拒绝原假设，所犯的错误称为第二类错误（Type Ⅱ Error），又称取伪错误，犯第二类错误的概率通常记为 β。

假设检验中的结论及其后果有 4 种情况，如表 3-2 所示。

表 3-2　　　　　　　　　　假设检验的结论与后果

决策结果	实际情况	
	H_0 正确	H_0 不正确
未拒绝 H_0	正确决策	第二类错误 β
拒绝 H_0	第一类错误 α	正确决策

需要注意的是：只有当原假设被拒绝时，才会犯第一类错误；只有当原假设未被拒绝时，才会犯第二类错误。因此，可以不犯第一类错误或不犯第二类错误，但难以保证两类错误都不犯。两类错误就像一个跷跷板，此起彼伏。研究者自然希望犯两类错误的概率都尽可能小，但实际上难以做到，要使 α 和 β 同时减小的唯一办法是增加样本容量。但样本容量的增加又会受许多因素的限制，所以人们只能在两类错误的发生概率之间进行平衡，以使 α 与 β 控制在能够接受的范围内。至于假设检验中先控制哪类错误，一般来说，发生哪一类错误的后果更为严重，就应该首要控制哪类错误发生的概率。由于犯第一类错误的概率是可以由研究者控制的，而且后果相对更严重，因此在假设检验中，往往先控制第一类错误的发生概率。

3.1.4　显著性水平

假设检验中犯第一类错误的概率，称为显著性水平（Level of Significance），记为 α，是人们事先指定的犯第一类错误概率 α 的最大允许值。

显著性水平是指当原假设实际上是正确时，检验统计量出现了本不应该出现的极端情况的概率。显著性水平 α 越小，犯第一类错误的可能性自然就越小，但犯第二类错误的可能性则随之增大。著名的英国统计学家费希尔在他的研究中把小概率的标准定为 0.05，所以作为一个普遍适用的原则，人们通常选择显著性水平为 0.05 或比 0.05 更小的概率。常用的显著性水平有 $\alpha = 0.01$、$\alpha = 0.05$、$\alpha = 0.1$ 等，当然也可以取其他值，但一般不会大于 0.1。

确定了显著性水平 α 就等于控制了第一类错误的概率，但犯第二类错误的概率 β 却是不确定的。在拒绝原假设 H_0 时，犯错误的概率不超过给定的显著性水平 α，但当样本观测显示没有充分的理由拒绝原假设时，也难以确切知道第二类错误发生的概率。因此，在假设检验中采用"不拒绝 H_0"而不采用"接受 H_0"的表述方法，这种说法实质上并未给出明确结论，在某种程度上规避了第二类错误发生的风险，因为"接受 H_0"所得结论可靠性将由第二类错误的概率 β 来测量，而 β 的控制又相对复杂。当不能拒绝原假设时，我们不说"接受原假设"，因为没有证明原假设为真，而且原假设是否为真是我们永远得不到确切证实的。这样我们通过明确犯第一种错误概率和"不拒绝原假设"的表述使我们的检验结论更趋于严谨，在互为矛盾的 α 与 β 之间进行了有效的平衡。

3.1.5　检验统计量与拒绝域

假设检验是依据样本信息给出拒绝或不拒绝原假设的结论的。

根据样本观测结果计算得到的，并据以对原假设和备择假设做出决策的某个样本统计量，称为检验统计量（Test Statistic）。

检验统计量实际上是总体参数的点估计量（例如，样本均值 $\bar{x}$ 就是总体均值 μ 的一个点估计量），但点估计量并不能直接作为检验的统计量，必须将其标准化，才能用于度量它与原假设的参数值之间的差异程度。标准化检验统计量（Standardized Test Statistic）反映了点估计量（如样本均值）与假设的总体参数（如假设的总体均值）相比相差多少个标准差。对于总体均值和总体比例的检验，标准化的检验统计量可表示为：

$$标准化检验统计量 \ = \ \frac{点估计量 - 假设值}{点估计量的抽样标准差} \qquad (3-1)$$

　　检验统计量是一个随机变量，随着样本观测结果的不同它的具体数值也是不同的，但只要已知一组特定的样本观测结果，检验统计量的值也就唯一确定了。假设检验的基本原理就是根据检验统计量建立一个准则，依据这个准则和计算得到的检验统计量值，研究者就可以决定是否拒绝原假设。但统计量的哪些值将导致拒绝原假设而倾向于备择假设？这就需要找出能够拒绝原假设的统计量的所有可能取值，这些取值的集合则称为拒绝域。

　　要理解拒绝域的概念，就还要知道临界值的概念。根据给定的显著性水平确定的拒绝域的边界值，称为临界值（Critical Value）。在给定显著性水平 α 后，可以直接由 Excel 中的函数命令计算得到，也可以查书后所附的统计表得到具体的临界值。临界值在原假设为真的情况下，将抽样所有可能结果组成的样本空间划分为两部分，其中一部分为超出了一定界限，表示当原假设为真时小概率事件的出现，如果利用样本观测结果计算出来的检验统计量的具体数值落在了这一区域内，我们将拒绝原假设，拒绝域（Rejection Region）就是由显著性水平 α 和相应的临界值所围成的区域，否则就不拒绝原假设。

　　在给定显著性水平 α 条件下，拒绝域和临界值如图 3-1 所示。

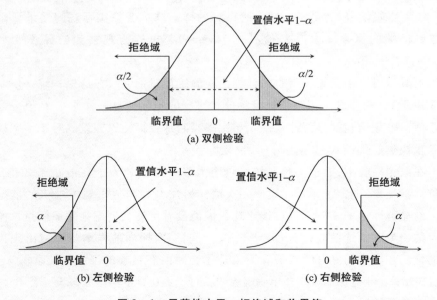

图 3-1　显著性水平、拒绝域和临界值

拒绝域的大小与我们事先选定的显著性水平有一定关系。将检验统计量的值与临界值进行比较，就可做出拒绝或不拒绝原假设的决策。拒绝域的位置则取决于检验是单侧检验还是双侧检验。双侧检验的拒绝域在抽样分布的两侧（所以称为双侧检验），如图 3-1（a）所示；而单侧检验中，如果备择假设具有符号"<"，拒绝域位于抽样分布的左侧，故称为左侧检验，如图 3-1（b）所示；如果备择假设具有符号">"，拒绝域位于抽样分布的右侧，故称为右侧检验，如图 3-1（c）所示。

从图 3-1 可以得出利用统计量进行检验时的决策准则：

（1）双侧检验：|统计量的值|＞临界值，拒绝原假设。

（2）左侧检验：统计量的值＜临界值，拒绝原假设。

（3）右侧检验：统计量的值＞临界值，拒绝原假设。

3.1.6 利用 P 值进行决策

传统的统计量检验方法是在检验之前确定显著性水平 α 的，这意味着事先确定了拒绝域，它只能提供检验结论可靠性的一个大致范围，而对于一个特定的假设检验问题，却无法给出观测数据与原假设之间不一致程度的精确度量。

如果原假设 H_0 为是正确的，所得到的样本结果会像实际观测结果那么极端或更极端的概率，称为 P 值（P - value），也称为观察到的显著性水平（Observed Significance Level）。

所谓利用 P 值决策，就是先计算出检验统计量值 Z（在这里，统一使用符号 Z 表示），然后求出与该统计量的值相对应的实际的显著性水平 P 值，最后把 P 值与事先给定的显著性水平 α 相比来判断是否拒绝原假设。对于不同检验的 P 值决策，如图 3-2 所示。

在双侧检验中，P 值为检验统计量值大于 Z 值（Z 为正）或小于 Z 值（Z 为负）的概率，若 $2P \geq \alpha$，说明一次抽样的样本观测值出现极端值的情况在规定的显著性水平 α 下不太可能出现，因而没有足够的证据拒绝原假设，所以可得结论为不拒绝原假设；若 $2P < \alpha$，说明一次抽样的样本观测值出现极端值的情况在规定的显著性水平 α 下出现了，因而有足够的证据拒绝原假设，所以可得结论为拒绝原假设。在单侧检验中，若 $P \geq \alpha$，不拒绝原假设；若 $P < \alpha$，则要拒绝原假设。概括起来，P 值越小，越要拒绝原假设。

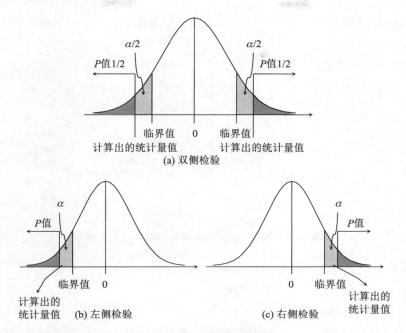

图 3 - 2　P 值示意图

值得说明的是，P 值与原假设的对或错的概率无关，它是关于数据的概率，说明在某个总体的许多样本中，某一类数据出现的经常程度。也就是说，P 值是当原假设正确时，得到所观测的数据的概率。P 值是反映实际观测到的数据与原假设 H_0 之间不一致程度的一个概率值。P 值越小，说明实际观测到的数据与 H_0 之间不一致的程度就越大，检验的结果也就越显著。

P 值是用于确定是否拒绝原假设的另一个重要工具，它有效地补充了 α 提供的关于检验可靠性的有限信息。由于传统的假设检验中，究竟选择多大的 α 比较合适是难以定论的，而用 P 值进行检验则可以避免这一问题。此外，与传统的统计量检验相比，利用 P 值进行检验可以提供更翔实的信息。例如，根据事先确定的 α 进行检验时，只要统计量的值落在拒绝域，这时拒绝原假设得出的结论都相同，即结果显著。但实际上，统计量落在拒绝域不同的位置，实际的显著性是有区别的。例如，统计量落在临界值附近与落在远离临界值的位置，实际的显著性差异就较大。如图 3 - 3 所示，可以看出这一点。

P 值给出的是实际算出的显著性水平，它告诉我们实际的显著性水平是多少，而统计量检验是事先给出的一个显著性水平，以此为标准进行决策，如果拒绝原假设，也仅仅是知道犯错误的可能性是 α 那么大，但究竟是多少却不得而知。而 P 值则是算出的犯第一类错误的实际概率。

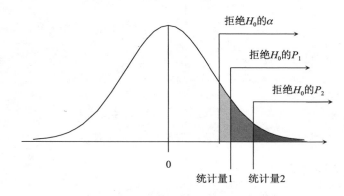

图 3 – 3　拒绝 H_0 的两个统计量的不同显著性

下面将假设检验的具体步骤总结如下：

第一步：提出原假设 H_0 和备择假设 H_1。

第二步：从总体中抽出一个随机样本。

第三步：构造合适的统计量，根据样本观测数据计算出检验统计量值。

第四步：确定检验的显著性水平 α，计算临界值，确定拒绝域。

第五步：利用 P 值或利用临界值进行决策。其中 P 值决策既简单又精确，双侧检验若 $2P \geqslant \alpha$，不拒绝原假设；若 $2P < \alpha$，拒绝原假设。在单侧检验中，若 $P \geqslant \alpha$，不拒绝原假设；若 $P < \alpha$，则要拒绝原假设。

也可采用临界值法决策，即统计量值落在拒绝域内拒绝原假设，否则不拒绝原假设。

从实际应用角度看，我们主张直接利用 P 值进行检验。但考虑到学习假设检验方法和掌握假设检验思想的需要，本教材将同时介绍 P 值检验方法和统计量检验方法。假设检验研究一个总体时，要检验的参数主要是总体均值 μ、总体比例 π 和总体方差 σ^2。本教材只介绍总体均值 μ 和总体比例 π 检验。

3.2　总体均值的检验

通过假设检验的步骤可知，正确构造检验统计量十分重要，由于检验的参数不同，检验统计量的构造方法则有所不同。构造什么样的统计量受到总体分布状态、样本容量、总体方差是否已知这几个因素的影响。用于总体均值和比例的检验统计量主要有 Z 和 T 统计量。根据中心极限定理可知，无论总体服从何种分布，当样本容量足够大时（一般为 $n \geq 30$），样本均值 $\bar{x}$ 的抽样分布近似服从正态分布，即可采用 Z 统计量检验，如果样本容量小于 30，则需根据总体方差是否已知决定采用 Z 或 T 统计量。可见，样本容量的大小是构造统计量的重要因素，我们分别来考察在大小样本情况下，假设检验的具体应用。

3.2.1　大样本总体均值的检验

根据抽样分布的知识，在大样本情况下，样本均值 $\bar{x}$ 渐进服从均值为 μ，标准差为 $\sigma / \sqrt{n}$ 正态分布。将样本均值 $\bar{x}$ 经过标准化后即可得到检验的统计量。可以证明，样本均值经标准化后服从标准正态分布，因而采用正态分布的 Z 检验统计量。设假设的总体均值为 μ_0，当总体方差 σ^2 已知时，总体均值检验的统计量为：

$$Z = \frac{\bar{x} - \mu_0}{\sigma / \sqrt{n}} \qquad\qquad (3-2)$$

当总体方差 σ^2 未知时，可以用样本方差 s^2 来代替总体方差，此时总体均值检验的 Z 统计量为：

$$Z = \frac{\bar{x} - \mu_0}{s / \sqrt{n}} \qquad\qquad (3-3)$$

对于双侧检验，对于给定的显著性水平 α，当 $|Z| > Z_{\alpha/2}$，拒绝原假设，否则不拒绝原假设；利用 P 值决策时，若 $2P < \alpha$，拒绝原假设，否则不拒绝原假设。

下面以检验统计量 $Z = 0.9428$ 为例来说明如何使用 Excel 计算正态分布的 P 值。

用 Excel 计算正态分布 P 值的操作步骤

第 1 步：进入 Excel 表格界面，直接点击【f（x）】（插入函数）命令。

第 2 步：在函数分类中点击【统计】，并在函数名菜单下选择【NORMS-DIST】，然后点击【确定】。此时出现的界面如图 3 - 4 所示。

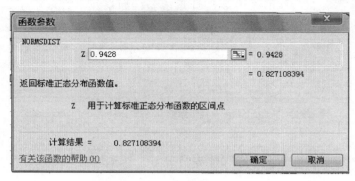

图 3 - 4　统计量的 P 值计算过程

第 3 步：将 Z 的绝对值 0.9428 录入，得到的函数值为 0.8271，该值表示的是在标准正态分布条件下 Z 值为 0.9428 左边的面积。

第 4 步：$Z = 0.9428$ 右边和 $Z = -0.9428$ 左边的面积是一样的，所以双侧检验最后的 P 值为

$$P = 2 \times (1 - 0.8271) = 0.3458。$$

P 值的示意图如图 3 - 5 所示。

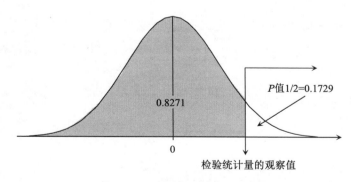

图 3 - 5　标准正态分布 Z 值示意图

对于左侧检验，对于给定的显著性水平 α ，当 $Z < -Z_{\alpha}$ ，拒绝原假设，

否则不拒绝原假设；利用 P 值决策时，若 $P < \alpha$，拒绝原假设，否则不拒绝原假设。

　　如果我们已知原始数据，就可以直接利用原始数据计算 P 值进行检验，此时可按如下步骤操作。

用 Excel 计算正态分布 P 值的操作步骤

第 1 步：进入 Excel 表格界面，直接点击【f（x）】（插入函数）命令。

第 2 步：在函数分类中点击【统计】，并在函数名菜单下选择【ZTEST】，然后点击【确定】。

第 3 步：在所出现的对话框【Array】框中，输入原始数据所在区域；在【X】后输入参数的某一假定值；在【Sigma】后输入已知的总体标准差（若总体标准差未知则可忽略不填，系统将自动使用样本标准差代替），如图 3－6 所示。

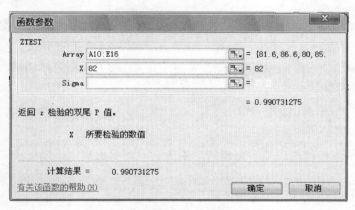

图 3－6　原始数据的 P 值计算过程

第 4 步：给出的分布左侧面积为 0.9907，用 1 减去该值，即为单侧检验的 P 值，即 P 值 $= 1 - 0.9907 = 0.0093$。

　　对于右侧检验，对于给定的显著性水平 α，当 $Z > Z_{\alpha}$，拒绝原假设，否则不拒绝原假设；利用 P 值决策时，与左侧检验一样仍然是 $P < \alpha$，拒绝原假设，否则不拒绝原假设。

3.2.2　小样本总体均值的检验方法

如果问题中样本容量不足 30 个，即为小样本。在小样本情况下，检验统计量的选择与总体是否服从正态分布、总体方差是否已知有着密切联系。如果无法确定总体是否服从正态分布，可以考虑将样本容量增大到 30 以上，然后按大样本的方法进行检验。当然也可以考虑使用本书以外的其他检验方法，如非参数符号检验法，有关非参数检验的内容请参考相关书籍，而后再依照总体方差是否已知来选择合适的检验统计量。

当已知总体服从正态分布且总体方差 σ^2 已知时，即使是在小样本情况下，检验统计量式仍然服从标准正态分布，因而仍可按式（3 - 2）给出的检验统计量对总体均值进行检验，检验的程序与大样本时完全相同。这里着重介绍小样本情形下总体方差未知时总体均值的检验方法。

对于小样本，当总体方差 σ^2 未知时，需要用样本方差 s^2 代替总体方差 σ^2，此时式（3 - 4）给出的检验统计量不再服从标准正态分布，而是服从自由度为（$n - 1$）的 t 分布。因此，需要采用 t 分布来检验总体均值，通常称为 T 检验。检验的统计量为：

$$t = \frac{\bar{x} - \mu_0}{s/\sqrt{n}} \qquad (3 - 4)$$

若采用临界值法决策：拒绝域分别为：双侧检验时 $|t| > t_{\alpha/2}(n - 1)$；左侧检验时 $t < - t_{\alpha}(n - 1)$；右侧检验时 $t > t_{\alpha}(n - 1)$。采用 P 值决策时，$P < \alpha$，拒绝原假设 H_0。

t 检验的 P 值同样可以利用 Excel 计算，具体操作步骤如下。

用 Excel 计算 t 分布 P 值的操作步骤

第 1 步：进入 Excel 表格界面，直接点击【f（x）】（插入函数）命令。

第 2 步：在函数分类中点击【统计】，并在函数名菜单下选择【TDIST】，然后【确定】。

第 3 步：在出现对话框的【X】栏中输入计算出的 t 的绝对值例如 $t = 1.875$。

　　　　 在【Deg - freedom】（自由度）栏中，输入自由度，如 14。

　　　　 在【Tails】栏中，输入 1（表明是单侧检验，如果是双侧检验则在该栏输入 2）。

Excel 计算的 P 值的结果为 0.0409，如图 3 – 7 所示。

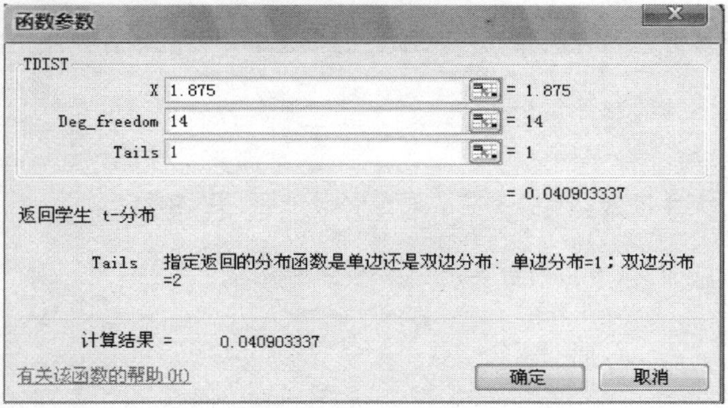

图 3 – 7　t 分布的 P 值计算过程

t 检验的 P 值同样可以利用 Excel 计算，具体操作步骤如下：

用 Excel 计算 t 分布 P 值的操作步骤：
第 1 步：进入 Excel 表格界面，直接点击【f（x）】（插入函数）命令。
第 2 步：在函数分类中点击【统计】，并在函数名菜单下选择【TDIST】，然后【确定】。
第 3 步：在出现对话框的【X】栏中输入计算出的 t 的绝对值，如为 1. 6129。
　　　　在【Deg – freedom】（自由度）栏中，输入自由度为 15。
　　　　在【Tails】栏中，输入 2（表明是双侧检验，如果是单测检验则在该栏输入 1）。

前面介绍了一个总体均值的检验问题，在实际应用中，首先需要弄清各种方法的适用场合，其中样本容量、总体分布、总体方差是否已知是主要考虑因素。

现对不同情况下检验统计量选择形式的总结如下：首先根据样本容量确定是否为大样本来确定采用 Z 统计量还是 T 统计量。在大样本情况下，无论总体为何种分布都可采用 Z 统计量检验，若总体方差已知，检验统计量为 $Z = \dfrac{\bar{x} - \mu_0}{\sigma / \sqrt{n}}$；若总体方差未知，可以用样本方差 s^2 来代替总体方差，此时总体均值

检验的 Z 统计量为 $Z = \dfrac{\bar{x} - \mu_0}{s/\sqrt{n}}$。若问题为小样本检验，则要看总体是否为正态

分布以及总体方差是否已知，当总体为正态分布并且总体方差已知时，即使在

小样本情况下检验统计量仍为 $Z = \dfrac{\bar{x} - \mu_0}{\sigma/\sqrt{n}}$，若总体为正态分布但总体方差未知

时，检验的统计量为 $t = \dfrac{\bar{x} - \mu_0}{s/\sqrt{n}}$，若总体分布不明确的情况下，也可考虑将样

本容量扩大到 30 以上，即可采用大样本方法检验。

3.3　总体比例的检验

　　总体比例是指是非变量总体中具有某种相同特征的个体所占的比例，这些特征既可以是数值型的，也可以是品质型的。通常用字母 π 表示总体比例，π_0 表示对总体比例的某一假设值，用 P 表示样本比例。总体比例的检验与上面介绍的总体均值检验基本上是相同的，区别只在于参数和检验统计量的形式不同。所以总体均值检验的整个程序都可以作为总体比例检验的参考，甚至有很多内容可以完全"照搬"。由于小样本情形下总体比例检验十分复杂，本节将只考虑大样本情形下的总体比例检验。

　　与总体均值检验类似，总体比例检验的三种基本形式为：

　　双侧检验：$H_0: \pi = \pi_0$，$H_1: \pi \neq \pi_0$；

　　左侧检验：$H_0: \pi \geqslant \pi_0$，$H_1: \pi < \pi_0$；

　　右侧检验：$H_0: \pi \leqslant \pi_0$，$H_1: \pi > \pi_0$。

　　在构造检验统计量时，我们仍然利用样本比例 P 与总体比例 π 之间的距离等于多少个标准差 σ_P 来衡量，因为在大样本情形下统计量 P 渐进服从正态分布，而统计量

$$Z = \frac{P - \pi_0}{\sqrt{\dfrac{\pi_0(1 - \pi_0)}{n}}} \tag{3-5}$$

则渐进服从标准正态分布，式（3-5）就是总体比例检验的统计量。

在给定显著性水平 α 的条件下，总体比例检验的显著性水平、拒绝域和临界值的图示如图 3–1 所示。

若采用临界值法决策：拒绝域分别为，双侧检验时 $|Z| > Z_{\alpha/2}$；左侧检验时 $Z < -Z_{\alpha}$；右侧检验时 $Z > Z_{\alpha}$。采用 P 值决策时，$P < \alpha$，拒绝原假设 H_0。

本章关键术语中英文对照

假设（Hypothesis）、假设检验（Hypothesis Test）、原假设（Null Hypothesis）、备择假设（Alternative Hypothesis）、第一类错误（Type Ⅰ Error）、第二类错误（Type Ⅱ Error）、显著性水平（Level of Significance）、拒绝域（Rejection Region）、检验统计量（Test Statistic）、P 值（P – value）。

🎵 第 4 章
相关与回归分析

4.1　相关分析

4.1.1　变量间的统计关系

　　社会经济与自然科学现象之间是相互制约和普遍联系的，某一现象发生变化时，另一现象也随之发生变化。如商品价格的变化会刺激或抑制商品销售量的变化；劳动力素质的高低会影响企业的效益；直接材料、直接人工的价格变化对产品销售成本有直接的影响，居民收入的高低会影响对该企业产品的需求量，等等。这一普遍存在的规律表明，在经济现象内部和外部联系中存在着一定的相关性，要认识和掌握客观规律就要从了解变量间的统计关系入手。互有联系的经济现象及经济变量间的关系紧密程度各不相同。按照它们之间联系的紧密程度，可以把变量间的统计关系分为两种：函数关系和相关关系。

　　1. 函数关系。函数关系是变量间统计关系中比较极端的一种，即一个变量的变化能完全决定另一个变量的变化。函数关系是指变量之间是一种严格的确定性的依存关系，表现为某一变量发生变化另一变量也随之发生变化，而且有唯一确定的值与之相对应。例如，建设银行的 1 年期定期存款利率为年息 3.00%，存入的本金用 x 表示，到期本息用 y 表示，则 $y = x + 3.00\% x$（不考虑利息税）；正方形面积 S 与其边长 a 之间的关系可用 $S = a^2$ 来表示，这都是函数关系。因为对应于一种本金水平，有唯一确定的本息和；对应于一种边长水平，有唯一确定的一个正方形面积。物理学中的自由落体距离公式，初等数学中的许多计算公式都是变量之间的函数关系。对于任意两个变量间的函数关系，可以用下面的数学形式来表示：

$$y = f(x) \qquad (4-1)$$

客观现象之间除了这种严格的依存关系外，更多的情况是两事物之间有密切的关系，但密切程度并没有达到如此严格的依存程度，这是统计关系中另一种形式——相关关系。

2. 相关关系。相关关系（Correlation）是指客观现象之间确实存在的，但数量上不是严格对应的依存关系。在这种关系中，对于某一现象的每一数值，可以有另一现象的若干数值或某种分布与之相对应。下面来看几个例子。

成本的高低与利润的多少有密切关系，但某一确定的成本与相对应的利润却不是唯一确定的依存关系，这是因为影响利润的因素除了成本外，还有价格、供求关系、消费嗜好等因素，以及其他偶然因素的影响。

生育率与人均 GDP 的关系也属于典型的相关关系：人均 GDP 高的国家，生育率往往较低，但二者没有唯一确定的依存关系，这是因为除了经济因素外，生育水平还受教育水平、城市化水平以及不易测量的民族风俗、宗教和其他随机因素的共同影响。

粮食产量与施肥量之间有着密切关系，在一定范围内，施肥量越多，粮食产量就越高，但是粮食产量并不完全决定于施肥量，因为降雨量、土壤质量、田间管理水平等也会影响粮食产量。

还有，储蓄额与居民收入、广告费支出与商品销售额、工业产值与用电量之间等都属于这种非严格依存的相关关系。具有相关关系的某些现象可表现为因果关系，即某一或若干变量的变化是引起另一变量变化的原因，它是可以控制、给定的值，将其称为自变量；如前例中成本、人均 GDP、施肥量等都是自变量；另一个变量的变化是自变量变化的结果，它是不确定的一组值或某种分布，我们将其称为因变量，如前例中的利润、生育率、粮食产量都是因变量。当变量之间存在前因后果关系时，自变量和因变量的确定较为容易，但具有相关关系的现象并不都表现为前因后果关系，如生产费用和生产量、商品的供求与价格等，当变量之间互为因果时，则要根据研究目的来确定哪个是因变量，哪个是自变量。

对于任意两个变量间的相关关系，可以用下面的数学形式来表示：

$$y = f(x) + \varepsilon \qquad (4-2)$$

式（4－2）中的 ε 为随机误差项，用于反映自变量以外随机因素的影响。要注意，相关关系不能通过单个现象来反映其规律性，必须通过大量观察以消除偶然因素对因变量的影响。相关关系和函数关系既有区别，又有联系。两者之间的联系表现在两个方面：一方面，有些函数关系往往因为有观察或测量误差以及各种随机因素干扰等原因，在实际中常常通过相关关系表现出来；另一方面，在研究相关关系时，其数量间的规律性了解得越深刻的时候，则相关关系越有可能转化为函数关系或借助函数关系来表现。

4.1.2　相关关系类型

现象之间的相关关系错综复杂，从不同的角度可以区分为不同类型。

1. 按照相关关系涉及变量（或因素）的多少分为单相关、复相关和偏相关。单相关，又称一元相关，是指两个变量之间的相关关系，如广告费支出与产品销售量之间的相关关系。

复相关，又称多元相关，是指三个或三个以上变量之间的相关关系，如商品销售额与居民收入、商品价格之间的相关关系。

偏相关，在一个变量与两个或两个以上的变量相关的条件下，当假定其他变量不变时，其中两个变量的相关关系。例如，在假定消费者收入水平不变的条件下，研究该商品的需求量与商品价格的相关关系即为偏相关。

2. 按照相关形式不同分为线性相关和非线性相关。

线性相关，又称直线相关，是指当一个变量变动时，另一变量随之发生大致均等的变动，从图形上看，其观察点的分布近似地表现为一条直线。例如，人均消费水平与人均收入水平通常呈线性关系。

非线性相关是指一个变量变动时，另一变量也随之发生变动，但这种变动不是均等的，从图形上看，其观察点的分布近似地表现为一条曲线，如抛物线、指数曲线、双曲线等，因此也称曲线相关。例如，工人加班加点在一定数量界限内，产量增加，但一旦超过一定限度，产量反而会下降，这就是一种非线性关系。

3. 按照相关现象变化的方向不同分为正相关和负相关。

正相关是指当一个变量的值增加（减少）时，另一个变量的值也随之增加（减少），即相关的两个变量发生同方向的变化。如工人劳动生产率提高，产品产量也随之增加；居民的消费水平随个人所支配收入的增加而增加。

负相关是指当一个变量的值增加（减少）时，另一变量的值反而减少

（增加），即两个变量发生反方向变化。如商品流转额越大，商品流通费用越低；利润随单位成本的降低而增加。

4. 按相关程度分为完全相关、不相关和不完全相关。完全相关是指当一个变量的数量大小完全由另一个变量的数量变化所确定时，二者之间即为完全相关。例如，在价格不变的条件下，销售额与销售量之间的正比例函数关系即为完全相关，此时相关关系便成为函数关系，因此，也可以说函数关系是相关关系的一个特例。

不相关，又称零相关，当变量之间彼此互不影响，其数量变化各自独立时，则变量之间为不相关。例如，股票价格的高低与气温的高低一般情况下是不相关的。

如果两个变量的关系介于完全相关和不相关之间，称为不完全相关。由于完全相关和不相关的数量关系是确定的或相互独立的，因此，统计学中相关分析的主要研究对象是不完全相关。

4.1.3　相关关系的测定

要判别现象之间有无相关关系，首先是定性分析，然后是定量分析。

1. 定性分析。定性分析是依据研究者的理论知识、专业知识和实践经验，对客观现象之间是否存在相关关系，以及有何种相关关系做出判断。只有在定性分析的基础上，才可以进一步从数量上判断现象之间相关的方向、形态及大致的密切程度。定性分析是相关分析的重要前提。

2. 相关表。相关表是一种统计表。它是直接根据现象之间的原始资料，将一变量的若干变量值按从小到大的顺序排列，并将另一变量的值与之对应排列形成的统计表。

【例 4.1】某财务软件公司在全国有许多代理商，为研究它的财务软件产品的广告投入与销售额的关系，统计人员随机选择 10 家代理商进行观察，搜集到年广告投入费和月平均销售额的数据，并编制成相关表，如表 4-1 所示。

表 4-1　　　　　　　　　广告费与月平均销售额相关表　　　　　　　　单位：万元

	A	B
1	年广告费投入	月均销售额
2	12.5	21.2
3	15.3	23.9
4	23.2	32.9

续表

	A	B
5	26. 4	34. 1
6	33. 5	42. 5
7	34. 4	43. 2
8	39. 4	49
9	45. 2	52. 8
10	55. 4	59. 4
11	60. 9	63. 5

3. 相关图。相关图又称散点图（Scatter Diagram），它是用直角坐标系的 x 轴代表自变量，y 轴代表因变量，将两个变量间相对应的变量值用坐标点的形式描绘出来，用以表明相关点分布状况的图形。

各种相关关系如图 4 – 1 所示。

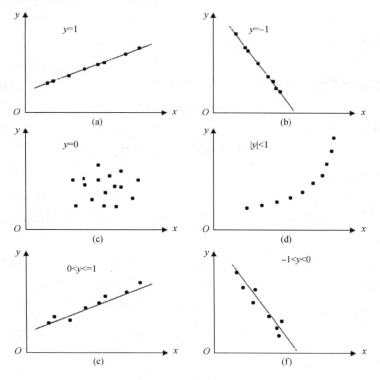

图 4 – 1　各种相关关系示意图

其中图 4 – 1 中（a）（b）表现为函数关系，是相关关系中的一种极端形式，属于广义的相关关系；图 4 – 1 中（c）说明两变量之间不相关；图 4 – 1

中（d）说明两变量之间为曲线相关；图 4-1 中（e）（f）分别表现为正、负相关的线性相关关系。

4. 相关系数。相关表和相关图可反映两个变量之间的相互关系及其相关方向，但无法确切地表明两个变量之间相关的程度，为此，著名的统计学家卡尔·皮尔逊设计了相关系数这一统计量。相关系数（Correlation Coefficient）是用以反映变量之间相关关系密切程度的统计量。依据相关现象之间的不同特征，其统计量的名称有所不同。如将反映两变量间线性相关关系的统计量称为相关系数（相关系数的平方称为判定系数）；将反映两变量间曲线相关关系的统计量称为非线性相关系数、非线性判定系数；将反映多元线性相关关系的统计量称为复相关系数、复判定系数等。这里只介绍反映两变量间线性相关关系的相关系数。

若相关系数是根据总体全部数据计算的，称为总体相关系数，记为 ρ；若是根据样本数据计算的，则称为样本相关系数，记为 r。样本相关系数的计算公式为：

$$r = \frac{\sum (x - \bar{x})(y - \bar{y})}{\sqrt{\sum (x - \bar{x})^2 \sum (y - \bar{y})^2}} \qquad (4-3)$$

为了根据原始数据计算 r，可由式（7-3）推导出下面的简捷计算公式：

$$r = \frac{n \sum xy - \sum x \sum y}{\sqrt{n \sum x^2 - (\sum x)^2} \sqrt{n \sum y^2 - (\sum y)^2}} \qquad (4-4)$$

【例 4-2】根据表 4-1 的资料，可计算相关系数如表 4-2 所示。

表 4-2　　　　　　　　　　　　相关系数计算表

序号	年均广告投入（万元）x	月均销售额（万元）y	x^2	y^2	xy
1	12.5	21.2	156.25	449.44	265
2	15.3	23.9	234.09	571.21	365.67
3	23.2	32.9	538.24	1082.41	763.28
4	26.4	34.1	696.96	1162.81	900.24
5	33.5	42.5	1122.25	1806.25	1423.75
6	34.4	43.2	1183.36	1866.24	1486.08
7	39.4	49	1552.36	2401	1930.6
8	45.2	52.8	2043.04	2787.84	2386.56
9	55.4	59.4	3069.16	3528.36	3290.76
10	60.9	63.5	3708.81	4032.25	3867.15
合计	346.2	422.5	14304.52	19687.81	16679.09

$$r = \frac{n\Sigma xy - \Sigma x \Sigma y}{\sqrt{n\Sigma x^2 - (\Sigma x)^2}\ \sqrt{n\Sigma y^2 - (\Sigma y)^2}}$$

$$= \frac{10 \times 16679.09 - 346.2 \times 422.5}{\sqrt{10 \times 14304.52 - 346.2^2}\ \sqrt{10 \times 19687.81 - 422.5^2}}$$

$$= 0.9942$$

需要指出的是，相关系数有一个明显的缺点，即它接近于 1 的程度与数据组数 n 相关，这很容易给人造成一种假象。因为，当 n 较小时，对有些样本相关系数的绝对值易接近于 1；当 n 较大时，相关系数的绝对值容易偏小。特别是当 $n = 2$ 时，相关系数的绝对值总为 1。因此，在样本容量 n 较小时，我们仅凭相关系数较大就判定变量 x 与 y 之间有密切的线性关系是不妥当的。

尽管采用了简捷计算公式，但当样本量较大时计算起来仍然很麻烦，可以采用 Excel 中的【CORREL】函数或【PEARSON】函数都可以计算两组数据的相关系数。

用 Excel 计算正态分布相关系数的操作步骤

第 1 步：进入 Excel 表格界面，直接点击【f（x）】（插入函数）命令。

第 2 步：在函数分类中点击【统计】，并在函数名菜单下选择【CORREL】，然后【确定】。

第 3 步：在所出现的对话框【Array】框中，输入两个变量的原始数据所在区域；则可直接计算出相关系数如图 4 - 2 所示。

图 4 - 2   原始数据的相关系数计算过程

4.1.4　相关关系的显著性检验

总体相关系数 ρ 通常是未知的，而由样本相关系数 r 作为 ρ 的近似估计值。但因为 r 又是由样本数据计算出来的，受到随机因素的影响，r 本身是一个随机变量。我们能否根据样本相关系数直接来说明总体的相关程度呢？答案是否定的，还需要考察样本相关系数的可靠性，也就是进行显著性检验。我们通常采用费希尔提出的 t 分布检验来对 r 进行显著性检验，该检验既可以用于小样本，也可以用于大样本，检验的具体步骤如下：

第 1 步：提出原假设和备择假设。

H_0：$\rho = 0$；H_1：$\rho \neq 0$

第 2 步：计算检验的统计量 t 的值。

$$t = |r| \sqrt{\frac{n-2}{1-r^2}} \sim t(n-2) \tag{4-5}$$

第 3 步：做出决策。根据给定的显著性水平 α 和自由度 $df = n - 2$ 查 t 分布表，也可以由 Excel 中的【TINV】函数查出 $t_{\alpha/2}(n-2)$ 的临界值。若 $|t| > t_{\alpha/2}$，则拒绝原假设 H_0，说明总体的两个变量之间有显著的线性关系；如果用 P 值检验，则当 $P < \alpha$ 时，则拒绝原假设 H_0，说明总体的两个变量之间有显著的线性关系。

在实际应用中，我们往往只能得到样本相关系数 r，而无法得到总体相关系数 ρ。再次强调，用样本相关系数 r 判定两变量间相关程度的强弱时一定要注意样本量的大小，只有当样本量较大时，用样本相关系数 r 判定两变量间相关程度的强弱才有说服力。当样本量充分大时，我们可以把样本相关系数 r 当作总体相关系数 ρ，这时我们可以忽略相关关系的显著性检验，而把注意力放在相关系数的判别标准上。在前面我们给出了经验的相关系数的判别标准，但这只是一个一般的标准，实际应用中还要结合数据的实际背景来确定适当的判别标准。对于一些会带来严重后果的敏感问题，即使两变量之间相关系数很低，也会引起人们的高度重视。例如，通过研究表明，经常食用烧烤食品与罹患癌症之间的相关系数只有 0.3，但人们也会尽量减少食用烧烤食品的次数。

4.1.5　相关分析中应注意的问题

1. 相关系数不能解释两变量间的因果关系。相关系数只是表明两个变量间互相影响的程度和方向，它并不能说明两变量间是否有因果关系，以及何为因，何为果，即使是在相关系数非常大时，也并不意味着两变量间具有显著的因果关系。

2. 警惕虚假相关导致的错误结论。有时两变量之间并不存在相关关系，但却可能出现较高的相关系数。那可能是因为两变量之间有一个共同的影响因素，但这两个变量本身之间并不相关。这也是我们强调进行相关分析前，首先要进行定性分析的原因。例如，白银价格和红木家具价格的上涨同时受到收藏市场火爆这一因素的影响，而白银价格的上涨和红木家具价格的上涨两者之间并不相关，如果不首先进行定性分析将会导致错误的结论。

另外，注意不要在相关关系据以成立的数据范围以外，推论这种相关关系仍然保持存在。雨下得多，农作物长得好，在缺水地区，干旱季节下雨是一种福音，但雨量太大造成涝灾反而可能损坏庄稼。又如，广告投入多，销售额上涨，利润增加，但盲目加大广告投入，却未必使销售额再增长，利润还可能减少。正相关达到某个极限，就可能变成负相关，这个道理似乎人人都明白，但在分析问题时却容易忽视。

3. 正确区分相关系数显著性检验与相关程度强弱的关系。相关系数显著性检验只是表示总体相关系数是否显著为零，即表示总体线性相关关系是否存在，但无法表示出变量之间的相关程度的高低。观察相关系数显著性检验的统计量 $t = |r|\sqrt{\dfrac{n-2}{1-r^2}} \sim t(n-2)$，我们发现，$t$ 值大小受样本容量和相关系数的共同影响，只要样本容量 n 足够大，我们就可以得到较大的 t 值，从而得到相关系数高度显著的结论，这也是前面提到的当样本量充分大时，我们可以把样本相关系数 r 当作总体相关系数 ρ，忽略相关关系的显著性检验，而把注意力放在相关系数的判别标准上的原因。但样本容量大小并不直接影响相关程度的高低，如果两变量之间存在较弱的相关关系，不会因为样本容量的加大，而使其相关关系变强。

4.2　一元线性回归（Simple Linear Regression）模型与方程

与相关分析不同，进行回归分析时，首先需要确定出自变量和因变量。在回归分析中，被预测或被解释的变量，称为因变量（Dependent Variable），用 y 表示；用来预测或用来解释因变量的一个或多个变量，称为自变量（Independent Variable），用 x 表示。例如，在分析广告费用对月均销售额的影响时，是在预测一定的广告费用下，月均销售额会达到什么水平，因此月均销售额是被预测的变量，称为因变量，而用来预测广告费用的广告费用就是自变量。本例中的回归分析只涉及广告费用这一个自变量，称为一元回归；若因变量 y 与自变量 x 之间为线性关系时称为一元线性回归；在回归分析中，假定自变量 x 是可以控制的，而因变量 y 是随机的。

对于具有线性关系的两个变量，可以用一个线性方程来描述它们之间的关系。描述因变量 y 如何依赖于自变量 x 和误差项 ε 的方程，称为回归模型（Regression Model）。对于只涉及一个自变量的一元线性回归模型可表示为：

$$y = \beta_0 + \beta_1 x + \varepsilon \tag{4-6}$$

在一元线性回归模型中，y 是 x 的线性函数（$\beta_0 + \beta_1 x$ 部分）加上误差项 ε。$\beta_0 + \beta_1 x$ 反映了由于 x 的变化而引起的 y 的线性变化；ε 是被称为误差项的随机变量，它反映了除 x 和 y 之间的线性关系之外的随机因素对 y 的影响，是不能由 x 和 y 之间的线性关系所解释的变异性。式中的 β_0 和 β_1 为模型的两个待定参数。

我们将式（4-6）称为理论回归模型，这一模型是建立在以下几个主要假定基础之上的：

（1）两变量之间具有线性关系。

（2）在重置抽样过程中，自变量 x 的取值固定，即假定 x 不是随机变量。

以上述两个假定为前提，对于任何一个给定的 x 值，y 的取值都对应着一个分布，因此，$E(y) = \beta_0 + \beta_1 x$ 代表一条直线。由于实际的数据点是从 y 的分布中随机抽取出来的，可能不在这条直线上，所以要通过一个误差项 ε 来描述模型中的数据点。

（3）误差项 ε 是一个随机变量，它的数学期望为 0，即 $E(\varepsilon) = 0$。这意味着在式（4-6）中，由于 β_0 和 β_1 都是常数，所以有 $E(\beta_0) = \beta_0$，$E(\beta_1) = \beta_1$。因此，对于一个给定的 x 值，y 的期望值为 $E(y) = \beta_0 + \beta_1 x$。这一假定实际上是假定模型的形式为一条直线。

（4）对于所有的 x 值，ε 的方差 σ^2 都相同。也就是说对于一个特定的 x 值，y 的方差也都等于 σ^2。

（5）误差项 ε 是随机变量，它服从正态分布，并且独立，即 $\varepsilon \sim N(0, \sigma^2)$。

独立性要求对于一个特定的 x 值，它所对应的 ε 与其他 x 值所对应的 ε 不相关。因此，对于一个特定的 x 值，它所对应的 y 值与其他 x 所对应的 y 值也不相关。

后面的三个假定都是关于误差项 ε 的，分别被称为随机误差项的正态性，方差齐性和独立性。

根据回归模型中的上述假定，ε 的数学期望值等于 0，因此，y 的数学期望值 $E(y) = \beta_0 + \beta_1 x$，也就是说，$y$ 的期望值是 x 的线性函数。描述因变量 y 的期望值如何依赖于自变量 x 的方程，称为回归方程（Regression Equation）。一元线性回归方程式为：

$$E(y) = \beta_0 + \beta_1 x \tag{4-7}$$

一元线性回归方程的图示表现为一条直线，因此也被称为直线回归方程。式（4-7）中 β_0 是回归直线在 y 轴上的截距，是当 $x=0$ 时 y 的期望值，从数学意义上来理解，它表示在没有自变量 x 的影响时，其他各因素对因变量 y 的平均影响；β_1 是直线的斜率，也称为回归系数，它表示当 x 每变动一个单位时，y 的平均变动量。

在已知回归方程中的参数 β_0 和 β_1 的情况下，对于一个给定的 x 的值，利用式（4-7）可计算出 y 的期望值。但总体回归参数 β_0 和 β_1 是未知的，我们只能通过样本数据去估计它们，用样本统计量 $\hat{\beta}_0$ 和 $\hat{\beta}_1$ 代替回归方程中的未知参数 β_0 和 β_1，这时就得到了估计的回归方程。根据样本数据求出的回归方程的估计式，被称为估计的回归方程（Estimated Regression Equation）。

对于一元线性回归，估计的回归方程式为：

$$\hat{y} = \hat{\beta}_0 + \hat{\beta}_1 x \tag{4-8}$$

其中：$\hat{\beta}_0$ 是估计的回归直线在 y 轴上的截距；$\hat{\beta}_1$ 是直线的斜率，它表示对于一个给定的 x 值；$\hat{y}$ 是 y 的估计值；$\hat{\beta}_1$ 表示 x 每变动一个单位时，y 的平均变动值。

4.3 参数估计的普通最小二乘法

回归分析的目的之一是通过自变量的变化来预测因变量的变动结果，为达此目的，建立回归方程后，我们还要确定回归方程的两个待定参数 $\hat{\beta}_0$ 和 $\hat{\beta}_1$，一元线性回归方程中的待定参数是根据观察值资料求出的，常使用的方法是普通最小二乘法（Ordinary Least Squares）。

对于第 i 个 x 值，估计的回归方程式为：

$$\hat{y}_i = \hat{\beta}_0 + \hat{\beta}_1 x_i \qquad (4-9)$$

对于 x 和 y 的 n 对观察值，可以用多条直线来表现其关系，究竟用哪条直线来代表两个变量之间的关系，应该根据什么样的原则进行估计呢？德国科学家高斯（1777—1855 年）提出找到距离各观测点最近的一条直线，用它来代表 x 与 y 之间的关系与实际数据的误差比其他任何直线都小。高斯用最小化图（如图 4-3 所示）中垂直方向的离差平方和来估计参数 $\hat{\beta}_0$ 和 $\hat{\beta}_1$，根据这一方法确定模型参数 $\hat{\beta}_0$ 和 $\hat{\beta}_1$ 的方法称为最小二乘法。使因变量的观察值 y_i 与估计值 $\hat{y}_i$ 之间的离差平方和达到最小进而求得 $\hat{\beta}_0$ 和 $\hat{\beta}_1$ 的方法，被称为最小二乘法，也叫最小平方法（Method of Least Squares）。

图 4-3 可以直观地反映出高斯最小二乘法的基本思想。

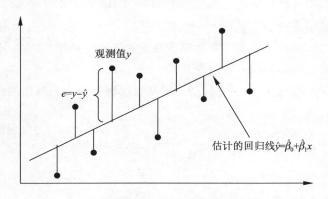

图 4-3　最小二乘法的示意图

由最小二乘法可以得到：

$$\sum (y_i - \hat{y}_i)^2 = \sum (y_i - \hat{\beta}_0 - \hat{\beta}_1 x_i)^2 = \min \sum e^2 \qquad (4-10)$$

令 $Q = \sum (y_i - \hat{y}_i)^2$，当我们确定了样本数据后，$Q$ 是 $\hat{\beta}_0$ 和 $\hat{\beta}_1$ 的函数，且最小值永远存在。由微积分的极值定理，若使残差平方和最小，只需对 Q 求相应于 $\hat{\beta}_0$ 和 $\hat{\beta}_1$ 的偏导数，并令该偏导数等于 0，这样便可求解出 $\hat{\beta}_0$ 和 $\hat{\beta}_1$，即：

$$\begin{cases} \dfrac{\partial Q}{\partial \beta_0}\Big|_{\beta_0 = \hat{\beta}_0} = -2\sum (y_i - \hat{\beta}_0 - \hat{\beta}_1 x_i)^2 = 0 \\[2mm] \dfrac{\partial Q}{\partial \beta_1}\Big|_{\beta_1 = \hat{\beta}_1} = -2\sum x_i (y_i - \hat{\beta}_0 - \hat{\beta}_1 x_i)^2 = 0 \end{cases} \qquad (4-11)$$

化简后可得到求解 $\hat{\beta}_0$ 和 $\hat{\beta}_1$ 的标准方程组为：

$$\begin{cases} \sum y_i = n\hat{\beta}_0 + \hat{\beta}_1 \sum x_i \\[2mm] \sum x_i y_i = \hat{\beta}_0 \sum x_i + \hat{\beta}_1 \sum x_i^2 \end{cases} \qquad (4-12)$$

解该方程组可得：

$$\begin{cases} \hat{\beta}_1 = \dfrac{n\sum x_i y_i - \sum x_i \sum y_i}{n\sum x_i^2 - \left(\sum x_i\right)^2} \\[4mm] \hat{\beta}_0 = \bar{y} - \hat{\beta}_1 \bar{x} \end{cases} \qquad (4-13)$$

通常影响因变量的因素有多个，这种多个自变量影响一个因变量的问题可以通过多元回归分析来解决。多元回归分析（Multiple Regression Analysis）是指在相关变量中将一个变量视为因变量，其他一个或多个变量视为自变量，建立多个变量之间线性或非线性数学模型数量关系式并利用样本数据进行分析的统计分析方法。多元回归分析的推导略。

【例 4 - 3】根据例 4 - 2 的数据，求月均销售额对广告费用的估计方程。

解：根据式（4 - 13）得：

$$\begin{cases} \hat{\beta}_1 = \dfrac{10 \times 16679.09 - 346.2 \times 422.5}{10 \times 14304.52 - (346.2)^2} = 0.884896 \\[4mm] \hat{\beta}_0 = 42.25 - 0.884896 \times 34.62 = 11.61 \end{cases}$$

即月均销售额对广告费用的估计方程为 $\hat{y} = 11.61 + 0.884896x$ 。回归系数 $\hat{\beta}_1 = 0.884896$ 表示，年广告费用每增加 1 万元，月均销售额平均增加 0.884896 万元。本例中 $\hat{\beta}_0 = 11.61$ ，表示在没用广告费用的情况下，月均销售额可维持在 11.61 万元的水平上。在回归分析中，我们对截距 $\hat{\beta}_0$ 常常不能赋予任何真实意义，因为在有些分析中 $\hat{\beta}_0$ 的值为一个负数，这就很难解释其现实意义。因此，在回归分析中，对截距 $\hat{\beta}_0$ 通常不作实际意义上的解释。

将 x_i 的各个取值代入上述估计方程，可以得到月均销售额的各个估计值 $\hat{y}_i$ 。

回归分析中的计算量很大，一元线性回归当观察值较少时，手工计算尚可应付，但当观察值较多或者是进行多元回归分析时，手工计算是不可能的。因此，在实际分析中，回归的计算完全依赖于计算机。在这里，我们采用为大多数人所熟悉的 Excel 软件来说明进行回归分析的具体步骤。

首先，将年广告费用与月均销售额的数据输入到 Excel 工作表中的 A1：B11 单元格。然后按如下步骤进行操作：

用 Excel 进行回归分析的操作步骤

第 1 步：选择【工具】下拉菜单。

第 2 步：选择【数据分析】选项。

第 3 步：在分析工具中选择【回归】，然后单击【确定】。

第 4 步：当对话框出现时，如图 4 - 4 所示：

在【Y 值输入区域】方框内键入数据区域 A2：A11。

在【X 值输入区域】方框内键入数据区域 B2：B11。

在【置信度】选项中给出所需的数值（这里我们使用隐含值 95%）。

在【输出选项】中选择输出区域（这里我们选新工作表组）。

在【残差】分析选项中选择所需的选项（这里我们暂时未选）。

图 4 - 4　回归对话框

单击【确定】。即可得到如图 4 - 5 所示分析结果。

	A	B	C	D	E	F	G	H	I
1	SUMMARY	OUTPUT							
2									
3		回归统计							
4	Multiple	0.994198							
5	R Square	0.98843							
6	Adjusted	0.986984							
7	标准误差	1.630011							
8	观测值	10							
9									
10	方差分析								
11		df	SS	MS	F	gnificance F			
12	回归分析	1	1815.93	1815.93	683.468	4.92E-09			
13	残差	8	21.25547	2.656934					
14	总计	9	1837.185						
15									
16		Coefficien	标准误差	t Stat	P-value	Lower 95%	Upper 95%	下限 95.0%	上限 95.0%
17	Intercept	11.61492	1.280176	9.072908	1.75E-05	8.662826	14.56701	8.662826	14.56701
18	X Variabl	0.884896	0.033848	26.14322	4.92E-09	0.806842	0.962949	0.806842	0.962949

图 4 – 5　Excel 输出的回归分析结果

Excel 输出的回归结果由以下三个部分组成：

第一部分是回归统计，它给出了回归分析中的一些常用统计量，包括相关系数（Multiple R）、判定系数 r^2（R Square）、修正后的 r^2（Adjusted R Square）、标准误差、观察值的个数。

第二部分是方差分析，即回归分析的方差分析表，包括自由度（DF），回归平方和、残差平方和、总平方和（SS）、回归和残差的均方（MS）、检验统计量（F）、F 检验的显著性水平（Significance F）。这部分主要用于对回归方程的线性关系进行显著性检验。

第三部分为参数估计相关内容。包括回归方程的截距（Intercept）、斜率（X Variable 1），截距和斜率的标准误差、用于检验的回归系数的 t 统计量（t Stat）、P – 值（P – value），以及截距和斜率的置信区间（Lower 95.0% 和 Upper95.0%）等。

通过第三部分内容，我们可以看到回归方程的截距（Intercept）为 11.61492，斜率（X Variable 1）为 0.884896，与前述手工计算的结果完全一致。

依据该回归分析结果对一元线性回归方程的统计检验，利用回归方程进行估计与预测的内容，本书不再赘述，可参看相关统计学教材。

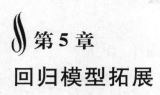

第 5 章
回归模型拓展

5.1　离散选择模型

在分析变量之间的相关关系时，一般最先想到的是线性回归模型。线性回归模型可以描述因变量和自变量之间的相关关系。考虑最简单的、自变量的个数为 1 的情形，记第 i 次观测到的样本为 X_i，则：

$$Y_i = \beta_0 + \beta_1 X_i + \varepsilon_i \tag{5-1}$$

β_0 为 Y 轴上的截距；β_1 为斜率；ε 为误差项。

为什么需要将误差项 ε 包含在模型中？原因有三个方面：一是有些变量是观测不到或者无法度量的，又或者影响因变量的因素太多，无法一一度量；二是外界随机因素的影响很难模型化，如自然灾害、恐怖时间、设备故障等；三是在度量的过程中会发生偏差。

给定 n 组观测值 $(X_1, Y_1), (X_2, Y_2), \cdots, (X_n, Y_n)$，我们就可以用最小二乘法得到参数 β_0 和 β_1 的估计值。

现实情况中经常会遇到因变量是二分类变量的情形。例如，顾客是否会购买某种商品：$Y = 1$ 购买，$Y = 0$ 不买；选民是否会投票给某位候选人：$Y = 1$ 投票，$Y = 0$ 不投票；求职者决定是否在某企业入职：$Y = 1$ 入职，$Y = 0$ 不入职；交通事故中是否有人员伤亡：$Y = 1$ 有人员伤亡，$Y = 0$ 无人员伤亡。

若因变量为二分类变量（Y 只能取 0 或 1），在建模分析与 Y 相关的影响因素的时候，使用 Logistic 回归可能是一个较好的选择；而直接套用线性回归模型对二分类变量（$Y_i = 0 \ or \ 1$）进行拟合时，自变量的系数估计值会存在偏差，并且在一些情况下从理论和实践操作角度看也行不通。因此，在处理因变量为二分类变量的情形时，相较于线性模型而言，Logistic 模型的统计特性更好、计算更为方便。

5.1.1　离散选择模型（Discrete Choice Model，DCM）

离散选择模型在经济学领域和社会学领域都有广泛的应用。例如，消费者在购买汽车的时候通常会比较几个不同的品牌，如福特、本田、大众，等等。如果将消费者选择福特汽车记为 $Y = 1$，选择本田汽车记为 $Y = 2$，选择大众汽车记为 $Y = 3$；那么在研究消费者选择何种汽车品牌的时候，由于因变量不是一个连续的变量（$Y = 1,2,3$），传统的线性回归模型就有一定的局限（见DCM 系列文章第 2 篇）。又如，在交通安全研究领域，通常将交通事故的严重程度划分为三大类：一是仅财产损失（Property Damage Only，PDO），二是受伤（Injury），三是死亡（Fatality）。在研究各类因素（如道路坡度、弯道曲率等、车龄、光照、天气条件等）对事故严重程度的影响的时候，由于因变量（事故严重程度）是一个离散变量（仅 3 个选项），使用离散选择模型可以提供一个有效的建模途径。

其他的一些常见的离散选择行为的案例还包括：化妆品牌的选择：化妆品牌Ⅰ、化妆品牌Ⅱ、化妆品牌Ⅲ；就餐地点的选择：餐厅甲、餐厅乙、餐厅丙；旅游风格的选择：自由游、跟团游、自助游；居住地点的选择：小区 A、小区 B、小区 C；出行方式的选择：公交、地铁、打车、合乘、自驾、自行车；垃圾邮件检测：是、否。可以说，日常生活中充满了各种各样的选择行为。

5.1.2　选择行为要素

一次选择行为通常会包含以下几种要素：

第一，决策者（Decision Maker），即做出选择行为的主体。

第二，备选方案集（Alternatives），通常会有多个方案供决策者选择（如人们在考虑去哪里吃饭时，可能会考虑餐厅甲、餐厅乙、餐厅丙 3 个选项）。

第三，各个方案的属性（Attributes of Alternatives）。继续上面的例子：在选择餐厅时，我们可能会考虑到餐厅的服务质量、价格高低、距离远近、环境是否优雅等多种因素。这里，每一种因素称之为一个属性（Attributes）；

第四，决策准则（Decision Rules）。不同的决策者在做出方案选择时的行为准则不尽然相同。仍然以上面"选择餐厅"的例子予以说明：有人在选择餐厅时可能会比较的"随意"——随便挑一家即可；而有的人可能会综合利用各种信息资源（如大众点评 App）做出一个对自己最为有利的选择。不一样的决策准则会导致不同的选择结果。

以上 4 种要素构成了一个基本的选择过程（Choice Process）。下面对这 4种选择要素做进一步的讨论。

1. 决策者（Decision Maker）。选择行为的主体（决策者）可以是个体、家庭、企业、政府机构，等等。本书主要以"个体"为例介绍离散选择模型的相关理论；相应的方法同样适用于家庭、企业、政府机构等其他决策主体。

需要说明的是，决策者自身的属性也会对选择的结果产生影响。换句话说，即使面对相同的备选方案集，不同的决策者也会做出不一样的选择。以上班时选择何种交通出行方式为例：收入较低的个体可能倾向于选择公交、地铁等出行费用较低的交通工具；而收入较高的群体选择小汽车的可能性更高。在这里，出行者的收入水平（经济属性）影响着出行方式的选择。又如，在选择饮料品牌的时候，男生选择碳酸饮料的可能性更大一些；相比较之下，女生可能更倾向于选择过果汁类的饮料。这也是为什么在调查、研究用户/消费者的选择行为时需要收集受访者的个人社会经济状况的资料的原因。

常见的个体经济属性包括受访者的年龄、性别、收入、工作类型，等等。很多销售公司利用他们所收集的客户的资料，结合自身产品的特性，就可以制定出更加个性化的销售策略。

2. 备选方案（Alternatives）。所谓的备选方案就是供决策者选择的一个选择集。以选择交通出行方式为例，可供人们选择的出行方式一般有：常规公交、快速公交（BRT）、地铁、小汽车、出租车、合乘、自行车、电动自行车，以及步行，等等。但是在实际情况中，针对不同的个体，其实际所面临的选择域可能并不一致：例如，对于一些行动不便的残疾人士而言，在出行的时候，自行车、步行这两种出行方式并不在其考虑范围之内。又如，对于没有小汽车的家庭而言，小汽车这种出行方式也不在其考虑范围之内。另外，在分析实际问题的时候，有时候仅需考虑一部分出行方式。考虑以下情形：某市计划兴建一条地铁线路，相关政府部门需要分析新建的地铁线路对常规公交、快速公交（BRT，一种大容量的快速公交系统）和小汽车出行方式的影响。

在本案例中，研究者所感兴趣的出行方式包括：在地铁建设之前，需考虑常规公交、快速公交（BRT）、小汽车3种出行方式；在地铁建设之后，需考虑常规公交、快速公交、地铁、小汽车4种出行方式。因此，这里实际上涉及3个不同的选择集的概念：

- 通用方案集（Universal Choice Set）
- 可行方案集（Feasible Choice Set）
- 实际考虑的方案集（Consideration Choice Set）

3. 方案属性（Attributes of Alternatives）。选择结果除了受到决策者的个人属性的影响以外，每一个选择项（即"方案"）的自身属性也会影响选择的结果。这一点很容易理解。在出行方式选择的案例中，选择的结果除了受出行者的个人属性（收入、工作类型等）的因素影响外，还会考虑每一种出行方式的不同方面的属性特征，包括每一种出行方式的费用（Cost）、时间（Travel Time）、舒适性（Comfort）、安全性（Safety）、可靠性（Reliability），等等。

可以说，正是各种方案在不同属性上的差异，才给决策者提供了一个选择的空间——若所有方案的所有属性都是一致的，也就没有必要进行选择了。

不同的方案属性描述了各个方案在不同的维度上可以提供给人们的效用（Utility）。"效用"是经济学中最常用的概念之一。百度百科中对"效用"的解释是："它（效用）描述了消费者通过消费或者享受闲暇等使自己的需求、欲望等得到的满足的一个度量。"通俗一些讲，我们可以将"效用"理解为"人们在某个维度上所获得的满意程度"。出行费用越低，效用越高（满意度越高）；出行的舒适性越高，效用也越高（满意度越高）。在上面的例子中，仅考虑地铁和常规公交这两种出行方式：出行者在选择地铁时可以在时间、舒适性、安全性和可靠性这几个维度上获得更高的效用（一般来说，地铁要比常规公交更快捷、更舒适、更加的安全可靠）；但是，常规的公交可能在价格上更便宜一些，因此，我们可以说"常规公交在经济性这一维度上的效用比地铁更高"。从这里也可以看出，人们在进行选择的时候考虑的是各个方案在所有的属性维度上的总和——"效用最大化"也是最为常见的决策准则。

在离散选择模型中，如果令等号的左边表示"决策者 i 选择某个方案 j 的概率 P"，等号的右边为"决策者的个人属性"和"方案属性"的函数。基于此，离散选择模型可以抽象的表示为下面的函数：P（个体 i 选择方案 j）= f（决策者 i 的个人属性, 方案 j 的属性）

方案属性会受到不同的政策措施的影响。例如，为缓解交通拥挤、鼓励公交出行，政府出台了"增加燃油税"的措施。该措施意味着：对于小汽车这一出行方案而言，其出行成本增加。因此，借助于离散选择模型，研究者就可以分析"增加燃油税"这一政策措施对人们的出行方式的影响。

4. 决策准则（Decision Rules）。不同的决策者其决策方式可能不同——有人比较随性（或者说"随机"），有人比较理性。从研究/建模的角度来说，随机型决策方式的问题在于，每次决策的结果可能不一致——这样无法解释哪些因素会影响选择的结果，也不能预测下一次面对同样的情形时决策者会做出什么样的选择。常见的理性的决策方式（Rational Choice Behavior）有：

（1）优势准则（Dominance Rule）。对于方案 i 和方案 i' 两个选项，若方案 i 的每一个属性都优于方案 i' 中的相应的属性，则选取方案 i。数学描述为：

若 $\forall k \in K$ 都有 $X_{ik} \geqslant X_{i'k}$，则选取方案 i

其中，X_{ik} 和 $X_{i'k}$ 分别表示方案 i 和方案 i' 的第 k 个属性值。继续上面的选择出行方式的例子：令方案 i = ｛地铁｝，方案 i' = ｛常规公交｝。每一种出行方式所考虑的属性 K = ｛费用，时间，舒适性，安全性，可靠性｝。按照"优势准则"，若 ｛地铁｝ 的每一项考虑指标都优于 ｛常规公交｝，那我们就选择｛地铁｝。

很显然，这种决策准则的缺陷在于：多数情况下，方案 i 的部分属性会优于方案 i'（如地铁一般在时间、舒适性、安全性、可靠性上会优于常规公交），而方案 i' 的一些属性则会胜过方案 i（如常规公交的票价一般比地铁要便宜）。因此，单纯依靠"优势准则"有时会无法做出决策。

（2）下限准则（Satisfactory Rule）。所谓的"下限准则"是指在比较多个选择方案时，为每一个属性值设立一个下限。如外出旅游选择酒店的时候，在"星级标准"这一属性上，可以将最低要求设置为"三星级以上"。利用"下限准则"进行决策时可能最终会产生多个选择结果。

（3）多重排序准则（Lexicographic Rule）。在确定最佳方案时，我们可以先把每一个待选方案按照最重要的属性从高到低进行排列。如在选择酒店的时候，可以将待选酒店首先按照星级标准从高到低进行排列，然后挑选出所有的满足"三星级以上"这一标准的酒店。若第一轮结束以后，选择出来的方案不止一个，则再次对筛选出来的结果按照第二重要的属性从高到低进行排列（如价格属性）。以此类推，直到确定出最佳的方案为止。

（4）效用最大化准则（Utility Maximization Rule）。效用最大化，即满意程度最大化。对于某种出行方式而言，费用越低、出行时间越短、安全性越好、可靠性越高，该方式的效用就越高。效用可以表示为不同属性的函数。考虑常规公交和地铁这两种出行方式的选择，假设所考虑的属性包括 3 个维度：$K = \{k_1, k_2, k_3\} = \{$费用，时间，可靠性$\}$。

选择常规公交所获得的效用可以表示为：

$$U_i = \beta_{k_1} X_{i,k_1} + \beta_{k_2} X_{i,k_2} + \beta_{k_3} X_{i,k_3} \qquad (5-2)$$

相应地，选择地铁所获得的效用可以表示为：

$$U_i = \beta_{k_1} X_{i,k_1} + \beta_{k_2} X_{i,k_2} + \beta_{k_3} X_{i,k_3} \qquad (5-3)$$

系数 $\beta_{k_1}, \beta_{k_2}, \beta_{k_3}$ 分别描述了各属性 k_1, k_2, k_3 的权重。"效用最大化准则"即选取各方案中效用最大的方案：若 $U_i > U_i$，则选择地铁出行；反之，则选择常规公交。效用最大化理论是离散选择模型的基础。

5.1.3　离散选择模型的类型

离散选择模型的划分有多种方法。根据备选方案集中备选方案的数量可以将离散选择模型分为二项选择模型（Binomial choice models）和多项选择模型（Multinomial choice models）。顾名思义，二项选择模型是指备选方案集中仅有两个选项，如（是，否），（买，不买），（受伤，未受伤），（感染，未感染），等等。二项选择模型是学习其他离散选择模型的基础，后文会予以详细介绍。多项选择模型中的方案数量为 3 个或 3 个以上，如购买车辆时选择 {品牌 1、品牌 2、品牌 3}；交通事故的严重等级 {仅财产损失、受伤、死亡}，等等。

另外，按照备选方案的特征也可以将离散选择模型划分为无序离散选择模型（Unordered DCM）和有序离散选择模型（Ordered DCM）两大类。对于交通事故的严重等级来说，"死亡"比"受伤"更严重，"受伤"比"仅财产损失"更严重——因变量是一种有序的数据结构。而对于购买汽车品牌而言，品牌 1、品牌 2、品牌 3 之间并无等级差别，使用无序离散选择模型对其进行建模即可。

5.1.4　离散选择模型常用的软件

常用的离散选择模型软件有：NLOGIT、SAS、Stata、SPSS、MATLAB、Python、R 等。NLOGIT 是专门针对离散选择模型所设计的软件，专业性较强，可拟合的离散选择模型的种类较多。但是基于本书内容设定和受众情况，Stata

中也有专门针对离散选择模型的 Procedure。以后会以 Stata 为主，介绍相应的离散选择模型的参数拟合方法以及模型拟合结果的解读。

5.1.5　Logit 模型和 Probit 模型

Logit 模型也叫 Logistic 模型，服从 Logistic 分布。Probit 模型服从正态分布。两个模型都是离散选择模型的常用模型。但 Logit 模型简单直接，应用更广。而且，当因变量是名义变量时，Logit 和 Probit 没有本质的区别，一般情况下可以换用。区别在于采用的分布函数不同，前者假设随机变量服从逻辑概率分布，而后者假设随机变量服从正态分布。其实，这两种分布函数的公式很相似，函数值相差也并不大，唯一的区别在于逻辑概率分布函数的尾巴比正态分布粗一些。但是，如果因变量是序次变量，回归时只能用有序 Probit 模型。有序 Probit 可以看作是 Logit 的扩展。

5.1.6　离散选择模型的 Stata 操作

在因变量是二值的情形下，使用：

Probit y $x1$ $x2$（Probit 得到的系数不代表 x 上升一个水平对 y 的影响程度的精确度量）

Dprobit y $x1$ $x2$（Dprobit 得到的系数代表 x 的概率对 y 的偏导数）

如果在正态分布假设下，则可以使用：

Logit y $x1$ $x2$（系数解释同 Probit）

Logistic y $x1$ $x2$（系数解释同 Dprobit）

在因变量多值情况下，使用：

Mlogit y $x1$ $x2$（y 为无序多值变量，就是多种选择无所谓排序）

Ologit y $x1$ $x2$（y 为有序多值变量，就是多种选择有从大到小或者从小到大的顺序）

5.2　面板数据分位数回归

　　面板数据在第 2 章给出了基本的定义，具体的使用放到这里。这里使用一个移民和房价的相关关系分析的案例，来说明面板数据最小二乘法回归和分位数回归的操作。

　　我们从各统计年鉴和人口普查中整理了各个城市的房价、各类移民占比以及城市发展的一些数据（具体数据来源见附录）。图 5 - 1 为原始数据的 Excel 截图，注意在 year 这一栏，是有 2000 年、2005 年、2010 年三个年份的。

	A	B	C	D	E	F	G	H	I	J	K	L	M
1	year	city	yzbb	yzzb	zrk	hjrs	jlr	ymb	wsym	bsym	ymb2	wszb	wsbb
2	2000	bj	0.096355	0.175434	13569194	11167502	2401692	0.215061	2463217	140299	0.233133	0.064157	0.120
3	2000	cd	0.033519	0.076675	11108534	10087623		0.101204	179710	1077679	0.124647	0.072655	0.120
61	2005	ty	0.186313	0.414652	4527590	4000522		0.13175	264366	623800.8	0.222013	0.110312	0.172
62	2005	tj	0.148602	0.304711	13672454	11460118		0.193047	2235920	552796.2	0.243341	0.14269	0.171
63	2005	wrmq	0.191601	0.47044	3116636	2079535		0.498718	636547.8	508678.2	0.550712	0.074008	0.03:
64	2005	wh	0.221055	0.426979	10858853	9631358		0.127448	465667.8	1784600	0.23364	0.248942	0.38:
65	2005	xa	0.192552	0.385625	9445602	8741798		0.08051	496780.8	882491.4	0.157779	0.342148	0.53:
66	2005	xn	0.089761	0.217375	2435053	2212376		0.100651	150996	224529.6	0.169739	0.115036	0.10:
67	2005	yc	0.115696	0.272414	1902421	1522681		0.249389	217640.4	250473	0.307427	0.099771	0.13:
68	2005	cs	0.153736	0.282687	8885927	8729689		0.017897	193096.8	605124	0.01437	0.17135	0.53:
69	2005	cs	0.140546	0.319859	7907803	7398828		0.068791	186793.8	976896	0.15728	0.244322	0.43:
70	2005	zz	0.12191	0.321578	9170309	8099160		0.132254	231916.8	1335949	0.193584	0.249971	0.26:
71	2005	cq	0.055533	0.133252	35615360	38425492		1809011.8	348425	50	0.169739	0.257644	0.36:
72	2010	bj	0.201976	0.328373	19612368	12554049		0.562234	7044533	1871181	0.710186	0.118041	0.13:
73	2010	cd	0.084046	0.174064	14047625	11426983		0.229338	601299	3271789	0.338942	0.13209	0.14:
74	2010	dl	0.098455	0.18055	6690432	5852317		0.143211	783828	863325	0.281453	0.071712	0.10:
75	2010	fz	0.067428	0.132759	7115369	6462516		0.101021	789664	972824	0.272725	0.033995	0.20:
76	2010	gz	0.104919	0.205859	12701948	8077303		0.572548	3002516	2415676	0.670792	0.05327	0.02:
77	2010	gy	0.086029	0.161007	4322611	3735364		0.157213	272625	904609	0.315159	0.064123	0.06:

图 5 - 1　原始数据的 Excel 截图

　　用【xtset】命令定义面板数据，根据 city2 和年份可以定义到唯一的观察值，在这种情况下，"city2"代表截面数据变量，"year"代表时间序列变量。Strongly Balanced（强烈平衡）指的是所有 city2 都拥有所有年份（2000—2010 年）的数据。图 5 - 2 是设定面板数据的 Stata 命令行及运行结果。

```
. xtset city2 year
        panel variable:  city2 (strongly balanced)
        time variable:   year, 2000 to 2010, but with gaps
                delta:   1 unit
```

图 5 - 2　设定面板数据的 Stata 命令行及运行结果

　　在完成对于面板数据的设定后，我们就可以进行回归。命令如下：

xtreg price lngz lngdp crb2 wsym bsym wszb，fe

Stata 操作如图 5 – 3 所示。

```
. xtreg price lngz lngdp crb2 wsym bsym wszb,fe

Fixed-effects (within) regression          Number of obs    =        105
Group variable: city2                      Number of groups =         35

R-sq:                                      Obs per group:
     within  = 0.7432                              min =          3
     between = 0.6967                              avg =        3.0
     overall = 0.5734                              max =          3

                                           F(6,64)          =      30.87
corr(u_i, Xb)  = -0.8417                   Prob > F         =     0.0000

       price │     Coef.    Std. Err.      t     P>|t|     [95% Conf. Interval]
─────────────┼──────────────────────────────────────────────────────────────
        lngz │  159.2999    374.6554     0.43    0.672    -589.1604    907.7602
       lngdp │  3213.294    647.1863     4.97    0.000     1920.39     4506.197
        crb2 │  107.0879    47.31438     2.26    0.027     12.56651    201.6092
        wsym │  .0022133   .0004167      5.31    0.000     .0013808    .0030458
        bsym │  .0000363   .0011363      0.03    0.975    -.0022337    .0023064
        wszb │ -9763.275   4583.675     -2.13    0.037    -18920.22    -606.3327
       _cons │ -54851.67   9253.928     -5.93    0.000    -73338.52    -36364.83
─────────────┼──────────────────────────────────────────────────────────────
     sigma_u │ 4024.3828
     sigma_e │ 2132.5148
         rho │ .78076658   (fraction of variance due to u_i)

F test that all u_i=0: F(34, 64) = 2.77               Prob > F = 0.0002
```

图 5 – 3　面板数据固定效应回归结果

sq within/between/overall 分别表示组内、组间、总体的 R^2，固定效应看 R – sq within = 0. 7432。

Corr（u_ i，xb） = – 0. 8417，表示 ui（个体效应）与解释变量的相关性，为负相关。

F（6，64） = 30. 87，Prob > F = 0. 0000，F 检验表示模型整体显著性，可以看出整体显著。

U 表示个体观测效应；sigma – u 表示个体效应标准差；e 表示随机干扰项；u + e 为混合误差，rho 指个体效应的方差占混合误差方差的比重。

F（6，64） = 30. 87，Prob > F = 0. 0000 < 0. 05，代表显著拒绝原假设（原假设为：固定效应不存在），即固定效应优于混合效应，应当允许每个个体拥有自己的横截距。

在该模型中，可表示为：

price = – 54851. 67 + 159. 2999lngz + 3213. 294lngdp + 107. 0879crb2 +

$0.0022133\text{wsym} + 0.0000363\text{bsym} - 9763.275\text{wszb}$

由于房价高位城市和房价低位城市的各自房价来自不同因素其影响是不同的，所以有必要进行分类分析，针对不同的城市群分别进行影响因素分析。这就是依据房价的高低做的分位数回归，Stata命令如下：

sqreg price lngz crb2 wsym bsym wszb, q (.9 .8)

即同时计算0.9，0.8分位数回归，可以反映在因变量在0.9分位和0.8分位以上样本的回归结果，如图5-4所示。

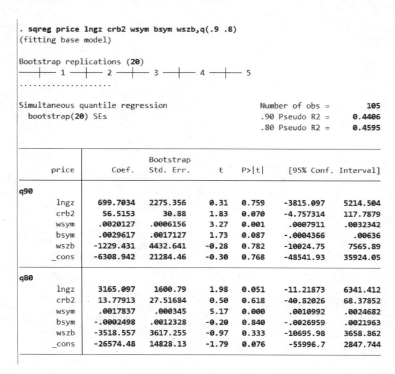

```
. sqreg price lngz crb2 wsym bsym wszb,q(.9 .8)
(fitting base model)

Bootstrap replications (20)
——+—— 1 ——+—— 2 ——+—— 3 ——+—— 4 ——+—— 5
....................

Simultaneous quantile regression              Number of obs =        105
  bootstrap(20) SEs                            .90 Pseudo R2 =     0.4406
                                               .80 Pseudo R2 =     0.4595
```

price	Coef.	Bootstrap Std. Err.	t	P>|t|	[95% Conf. Interval]	
q90						
lngz	699.7034	2275.356	0.31	0.759	-3815.097	5214.504
crb2	56.5153	30.88	1.83	0.070	-4.757314	117.7879
wsym	.0020127	.0006156	3.27	0.001	.0007911	.0032342
bsym	.0029617	.0017127	1.73	0.087	-.0004366	.00636
wszb	-1229.431	4432.641	-0.28	0.782	-10024.75	7565.89
_cons	-6308.942	21284.46	-0.30	0.768	-48541.93	35924.05
q80						
lngz	3165.097	1600.79	1.98	0.051	-11.21873	6341.412
crb2	13.77913	27.51684	0.50	0.618	-40.82026	68.37852
wsym	.0017837	.000345	5.17	0.000	.0010992	.0024682
bsym	-.0002498	.0012328	-0.20	0.840	-.0026959	.0021963
wszb	-3518.557	3617.255	-0.97	0.333	-10695.98	3658.862
_cons	-26574.48	14828.13	-1.79	0.076	-55996.7	2847.744

图5-4 分位数回归结果

从图5-4可以看到，对于90分位和80—90分位的房价的城市的房价增长，各个影响因素的作用是不同的。例如，在房价最高的城市群，工资增长对于房价是没有什么统计显著的影响的，但是对于在80—90分位房价的城市的房价增长，则工资增长是有正向作用的。

附录 5 – 1：对于不能在因变量是二分类变量时使用线性回归模型的解释

线性回归模型的假设：

线性回归模型的成立需满足以下几条假设：

$$Y_i = \beta_0 + \beta_1 X_i + \varepsilon_i \cdots\cdots \ (1)$$

$$E(\varepsilon_i / X_i) = 0, \quad i = 1, 2, \cdots, n \cdots\cdots \ (2)$$

$$Var(\varepsilon_i) = \sigma^2 \cdots\cdots \ (3)$$

$$Cov(\varepsilon_i, \varepsilon_j) = 0 \cdots\cdots \ (4)$$

$$\varepsilon_i = Normal \cdots\cdots \ (5)$$

条件（1）为线性假设，即自变量 X 每增加一个单位对 Y 的影响都是一样的（ Y 的值增加 β_1 ）；条件（2）–（5）均和误差项 ε 有关。假设（2）表示对任意的 X 取值，误差项 ε 是一个期望为零的随机变量（即 ε 和 X 不相关）。这就意味着，在式 $Y_i = \beta_0 + \beta_1 X_i + \varepsilon_i$ 中，由于 β_0 和 β_1 都是常数，因此，对于一个给定的 X_i 的值，Y_i 的期望值为：

$$E(Y_i) = \beta_0 + \beta_1 X_i \cdots\cdots \ (6)$$

假设（3）表示对任意 X 的值，误差项 ε 的方差都相同（都是 σ^2 ）。

假设（4）和（5）说明误差项 ε 是一个服从正态分布的随机变量（ $\varepsilon \sim N(0, \sigma^2)$ ），且相互独立（即 ε_i 和 X_i 不相关）。

只有当以上 5 个基本条件都满足时，利用最小二乘法得出的参数的估计值才是无偏的。不幸的是，因变量是二分类变量时，无法满足条件（3）和（5）。以下分别予以说明。

首先考虑假设条件（5）。

当因变量 $Y_i = 1$ 时，根据条件（1）则有：

$$\varepsilon_i = 1 - \beta_0 - \beta_1 X_i \cdots\cdots \ (7)$$

当因变量 $Y_i = 0$ 时有：

$$\varepsilon_i = -\beta_0 - \beta_1 X_i \cdots\cdots \ (8)$$

也就是说，对任意的 X_i 误差项 ε_i 只能取两个固定的值：$1 - \beta_0 - \beta_1 X_i$ 或者 $-\beta_0 - \beta_1 X_i$ ，因此条件（5）不满足。

再考虑假设条件（3）。

若记 $Y_i = 1$ 的概率值为 p_i ，则相应的 $Y_i = 0$ 的概率为 $1 - p_i$ ，如表 5 – 1 所示。

表 5 - 1

Y_i	1	0
$Pr\ (Y_i)$	p_i	$1 - p_i$

Y_i 的均值为:

$$E(Y_i) = 1 * Pr(Y_i = 1) + 0 * Pr(Y_i = 0) = p_i \ldots\ldots (9)$$

带入 (6) 可得:

$$p_i = \beta_0 + \beta_1 X_i \ldots\ldots (10)$$

Y_i 的方差为:

$$Var(Y_i) = E[(Y_i)^2] - E[(Y_i)]^2 = p_i - p_i{}^2 = p_i(1 - p_i) = (\beta_0 + \beta_1 X_i)(1 - \beta_0 - \beta_1 X_i) \ldots\ldots (11)$$

当 X 在 X_i 处固定时,ε_i 方差等于相应的 Y_i 的方差 (如 (1) 式)。也就是说,ε_i 的方差随着 X_i 的改变而改变——这与 (3) 式相矛盾。

由此可见,直接套用 (1) 式中的线性回归模型对二分类变量 ($Y_i = 0\ or\ 1$) 进行拟合时,自变量的系数估计值会存在偏差。更为关键的一点是:从 (10) 中可以看出,当假设条件 (1) (2) 成立时,$Y_i = 1$ 的概率值 (p_i) 和自变量 X_i 成线性关系,这就意味着概率值 p_i 可能会出现大于 1 (或者小于 0) 的情形,这一点无论是在理论上还是在实际计算的过程中都行不通,因此,在处理因变量为二分类变量的情形时,较线性模型而言,Logistic 模型的统计特性更好、计算更为方便。

附录 5 - 2:进行对数变换的理由

"Logit 模型" 中的 "Logit" 其实应该理解成 Log - it。"Logit 模型" 中的 "Logit" 到底是指什么? 要回答这个问题,首先必须要弄清楚一个概念——Odds。

1. 何为 Odds?

在英语里,Odds 的意思就是指概率、可能性。在统计学里,概率 (Probability) 和 Odds 都是用来描述某件事情发生的可能性的。概率描述的是某事件 A 出现的次数与所有结果出现的次数之比。公式表示:

$$P(A) = \frac{Number\ of\ EventA}{Total\ Number\ of\ Events} \ldots\ldots (1)$$

概率是一个 0 到 1 之间的实数;$P = 0$ 表示一定不会发生,而 $P = 1$ 则表示一定会发生。Odds 指的是事件发生的概率与事件不发生的概率之比。公式表示为：

$$Odds = \frac{Probability\ of\ event}{Probability\ of\ no\ event} = \frac{P}{1-P} \cdots\cdots\cdots (2)$$

以掷骰子为例，出现点数 3 的概率为 $P = \frac{1}{6}$，出现其他点数的概率为 $1 - P = \frac{5}{6}$。根据公式（2）可以得到掷出点数为 3 这一事件的 Odds 为：

$$Odds = \frac{1/6}{5/6} = \frac{1}{5}$$

更通俗一点来说，平均来看，掷出 3 点的成功的概率和失败的概率之比为 1:5。和概率论中许多其他的概念一样，Odds 也是在赌博中产生的一个概念。假设甲乙二人掷骰子对赌；若甲出 1 元赌掷到 6 点，乙需要投注 5 元才能保证公平。

2. Odds 和概率之间的关系。

换一个角度来看：由式（2）可以推导出如下关系：

$$Odds = \frac{P}{1-P} = \frac{\dfrac{Number\ of\ EventA}{Total\ Number\ of\ Events}}{\dfrac{Number\ of\ Other\ EventA}{Total\ Number\ of\ Events}} \Rightarrow Odds = \frac{Number\ of\ EventA}{Number\ of\ Other\ EventA}$$

也就是说，事件 A 的 Odds 等于事件 A 出现的次数和其他（非 A）事件出现的次数之比；相比之下，事件 A 的概率等于事件 A 出现的次数与所有事件的次数之比。

需要注意的是：一是当概率等于 0.5 的时候，Odds 等于 1（等分）；二是概率的变化范围是 [0,1]，而 Odds 的变化范围是 [0, +∞)。再进一步，如果对 Odds 取自然对数，就可以将概率 P 从范围 [0,1] 映射到 (-∞, +∞)。Odds 的对数称之为 Logit。

从概率 $P \rightarrow Odds \rightarrow Logit$，这就是一个 Logit 变换。实际上，所谓 Logit 模型可以理解成 Log-it（即 it 的自然对数——这里的 it 指的就是 Odds）。

与概率不同，Logit 的一个很重要的特性就是没有上下限——这就给建模带来极大方便。我在 DCM 系列文章第二篇《线性模型 vs. Logistic 模型——离散选择模型之二》中提到：不能直接套用线性回归模型

$$Y = \beta_0 + \beta X,\ Y \in (-\infty, +\infty) \cdots\cdots\cdots (3)$$

对概率 P 进行建模——因为（3）式左边 Y 的取值范围是 (-∞, +∞)，

而概率 P 的取值范围是 $[0,1]$。但是，由于 Logit 和 $(\beta_0 + \beta X)$ 都是在 $(-\infty, +\infty)$ 上变化，我们可以尝试建立 $Logit$ 和 $(\beta_0 + \beta X)$ 之间的对应关系，如果

$$log\ it(P_i) = \beta_0 + \beta X \dots\dots \quad (4)$$

如果将 β 和 X 看成向量形式，则：

$$log\ it(P_i) = ln\frac{P_i}{1-P_i} = \beta_0 + \beta_1 x_{1,i} + \beta_2 x_{2,i} + \dots + \beta_n x_{n,i} \dots\dots \quad (5)$$

上面（5）式正是二项 Logit 模型的基本形式。

附录 5 – 3：房价移民案例的原始论文①

房价和知识移民吸引是两难吗？
——基于大中城市面板数据的分位数实证研究

作为现阶段经济增长重要源头的房地产，其上涨是否是经济发展的必然，并且是否阻碍进一步的增长？在区域经济层面，老龄化的应对、地方政府养老体系的可持续发展需要人口流入或效率提高，被寄予众望的高学历年轻迁入劳动力，普遍认为是区域经济中决定未来经济增长的重要力量，但是白领困境众所周知，如何帮助其融入和快速成长；高学历困境因为东北振兴的种种不顺畅亦被关注。房价要稳定上升，经济要继续增长，人口要不断流入，素质要不断提高，转型要更快推进，这些要素是如何关联和互相作用，地方政府在房价、人口吸引和人口吸引结构上的取舍如何进行，渐渐成为移民迁移新常态下的关注热点。

一、文献综述和理论分析

近期房地产价格研究集中的逻辑主线，在于房地产价格波动对于经济增长的影响以及潜在危险，对于经济增长的短期影响较有共识，即引起了 GDP 的快速提升和产业带动（况伟大），而潜在危险包括影响消费、抑制移民创业以及突然的泡沫破裂引起的货币消散等（胡翔、徐滇庆、吕江林）。所谓房价合理性的讨论转入区域细分的深度，影响房地产价格的各因素拆分进而逐条研究

---

① 林海波，梁艳，毛程连. 房价和知识移民吸引是两难吗？——基于大中城市面板数据的分位数实证研究 [J]. 人口与经济，2016 (01)：10 – 18.

这些因素哪些属于合理和稳健的因素，成为房地产价格合理性研究的方向（余华义；李勇、王有贵），胥玲认为地价、移民和 GDP（引致的收入增长）推高了房价。况伟大和李涛在 2012 年对全国 35 个大中城市 2003—2008 年数据区分土地划拨、协议转让、拍卖和挂牌，分别考察了这些不同的土地取得方式对于房价的影响。实证结论为：若不考虑土地出让方式，供求影响大于地价的影响，分别为 0.07% 和 0.02%，而在考虑出让方式的模型中，行政划拨、挂牌和拍卖增长 1% 分别对房价有 0.002%，0.001% 和 －0.002% 的影响，微乎其微。反之，房价对于地价有明显的推动作用，房价增长率增加 1%，地价增加 0.6%。由此从理论和模型上推出了房价决定（地价）论。任超群使用杭州 5 年的月度数据进行实证得出，正向土地出让价格信号对房价影响不明显的结论，还根据实证推论："当房价连续多期持续上涨时，市场参与者容易形成房价继续上涨的预期。这时，正向土地出让价格信号正好印证了人们的这一预期，进一步强化了他们的信念，影响其购买决策，导致房价上涨。"，本文亦认为地价属于财政分权竞争的一个结果，具有短期性，其背后有财政债务的隐忧。移民和 GDP 增长则被认为是正向的（徐建炜、徐奇渊、何帆；温海珍、吕雪梦、张凌），其中的移民问题，牵涉人才吸引以及农民工迁移两大主题。

　　人力资源的吸引，随着东北今年始终经济低迷的困境以及人口红利和房价关系的大讨论，而被放到地方政府区域竞争的新常态情境下讨论，文献亦愈来愈多，从 1995 年巴罗（Barro）等以内生增长模型发展起来的人力资源引致经济增长论和阿西莫鲁（Acemoglu）等的实证出发，刘智勇使用中国数据证实中国中高等教育符合卢卡斯式作用机制、尼尔森—费尔普斯式作用机制与联合作用机制从而促进经济增长，王小鲁、樊纲强调了技术人力资源和市场转化对于经济增长的重要性到王子成和赵忠、李丹和任洁伴随于潇、李袁园、雷峻一在社会和谐语境下对于一般劳动力的温和挽留，甚而亦开始双侧并重，或者使用西方移民史来研究一般人力资源的重要性及吸引方法［奇斯威克（Chiswick）；包贾斯（Borjas）］，期间还夹杂着对于高学历人力资源不能带动经济增长的检讨和反思［郭庆旺、贾俊雪；卜纪兰、段冶；黄玖立、冼国明；万德布彻（Vandenbussche）等］。

　　既然移民有利房价稳健上升和经济增长，那么对于农民工的城市融入需要付出成本，杨黎源认为人才吸引需要更高的成本也因此需要更加清晰地界定，清晰界定高素质人力资源涉及了高等教育的有效性。摆在地方政府面前的现实问题是，不谈宏大的长期的命题，是否和付出多少成本留住农民工以及如何用更多的资源精准匹配对于所谓高素质人力资源的群体需求以带动经济增长，并且直接指向了房地产价格这个更加短期的目标（房价在常识意义上推动了经济增长，而房价也被舆论认为是阻碍青年移民的因素，房价稳步推动和移民吸引就变成了貌似的两难选择）。那么到底房价和移民之间，是否是两难，抑或互相促进，这方面的基于大数据的实证研究，国内还是空白。这个问题的辨析，涉及所谓的泡沫论，泡沫论有一个关键，即"合理"价格的认定，在所谓合理房价认定中，不能简单地使用房价收入比，毕竟除了供求关系，房价还直接受到生产效率的影响，简单的各国房价收入比的对照，忽视了由于总体劳动生产率差别而导致的全成本的差异。本书试图在质疑泡沫论的基础上通过实证回答地方政府在房价和移民吸引以及移民结构选择上的目标和政策倾向。

二、假设、数据和模型

1. 假设

基于以上综述和我们的分析脉络，需要厘清问题，提出假设，这些假设成立与否最终将构成判断的依据。

假设 1：移民促进了房价的上升

研究文献和一般常识都指向了人口和房价之间的相关性，人口增加和房价的关系受到其他因素影响，控制其他因素后，单位面积人口增加会增加房租，但由于容积率的问题不一定提升房价，基于几十个大中城市的面板数据的实证，来观察移民对于房价在中国的实际影响。

假设 2：经济增长推动了房价

经济增长也是文献中指出的推动房价的动力，但是其内在机制是复杂的，也不能简单地说经济的任何阶段和任何形式的增长就能够提高房价，根本的逻辑在于：生产率提高能够带来成本下降，如果土地供应限制在某些城市不严重，那么房价上涨的依据在哪里呢。

假设 3：高学历移民推动了房价上涨

由于高等教育的匹配性，无法证明高等教育人口就一定在任何阶段都能提升经济增长，隐含的意义是高等教育和收入在市场化分配情境下的不匹配，收入不能提高，那么购买力会受到限制，当然这样的逻辑还存在漏洞，如家族化的支持购房计划可以弥补高学历移民的购买力不足。

假设 4：房价阻碍了人口流入，特别是高学历人口的流入

显然大城市的房价和房租还没有阻止农民工进城的步伐，大学生毕业群体

对于高房价的抱怨声音有很多，但是没有正式的实证文献证明房价阻碍了高学历人群的流入。对于高学历人群和房价关系的实证也是本文的创新工作。

2. 数据

使用第 5 次和第 6 次人口普查以及 2005 年国家统计局 1% 人口抽样调查数据，可以获得较为详细的 2000 年、2005 年和 2010 年人口迁移情况，其中 2000 年和 2010 年公开数据中有移民接受教育情况的记载，给本文研究提供了基础数据。2005 年的省会城市以及计划单列市的迁入人口学历情况没有数据，我们使用各个省的迁入移民的学历比例作为参考（各城市移民学历比例除直辖市外其他省会和计划单列市按照省级移民学历数据及城市高校在校生占全省高校生比重进行调整，其中对于大连、深圳、厦门、青岛和宁波五城市根据各地政府历年的《国民经济和社会发展统计公报》等选择了高于省级移民学历比例的折算系数）。2005 年部分数据缺失，使用插值法补齐。

城市各项数据来源于历年《中国城市统计年鉴》《中国区域经济统计年鉴》和《中国统计年鉴》，考虑到以人民币计量的各指标都受到通货膨胀影响，所以没有进行消胀调整，为更好控制共线性和表达增长比率，基本计量分析中使用对数值，而在分位数统计中要体现房价差异的不同群组，所以使用原始数据，原始数据的统计情况见原始数据描述统计表。

表 1　　　　　　　　　　　　　原始数据描述统计表

变量	均值	标准差	最小值	最大值
样本数	N =	105		
人口（万人）	823	596	830	3560
户籍人口（万人）	702	579	51	3840
移民比例 1	0.339042	0.660724	0.00917	4.732937
外省移民数（万人）	95.7748	165.2126	3.9103	897.7000
本省移民数（万人）	87.0333	63.9823	5.5885	327.1789
移民比例 2	0.368747	0.655854	0.028636	4.783866
外省移民中专科比例	0.098091	0.072401	0.012681	0.379279
外省移民中本科比例	0.129299	0.113371	0.005549	0.535866
外省移民中研究生比例	0.009743	0.008952	0.00011	0.050645
本省移民中专科比例	0.175407	0.088369	0.072477	0.408453
本省移民中本科比例	0.125417	0.079372	0.033882	0.535697
本省移民中研究生比例	0.009635	0.014149	0.000377	0.117571

续表

变量	均值	标准差	最小值	最大值
GDP（万元）	19011080	21682370	6693450	136980500
二产职工占比	45.28038	8.674529	24.59	72.09
三产职工占比	51.55695	8.79857	25.3	74.95
货运量（万吨）	15789.3	14415.53	1245	84347
客运量（万人）	14019.9	15914.22	1340	107191.4
工资（元）	19330	11568.23	15.06	56564.99
房价（元）	4936.143	4172.943	1370	25840

全国直辖市省会城市和计划单列市的人口流入情况和十年间的净人口增长情况单独列示见图1和图2。

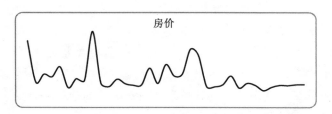

图 1　直辖市省会城市单列市 2010 年房价

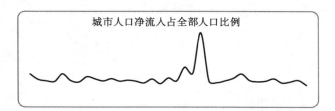

图 2　直辖市省会城市单列市 2010 年人口流入情况

从图1和图2的对比来看，移民和房价有简单的相关性。

3. 被解释变量

房价作为被解释变量，没有使用指数化表征，而是直接采用房价数据，因为大城市房价数据包括其卫星城，所以在人口对应上，也没有区分各大城市的主城区和卫星城。这个可能稍微不利于研究中心城市中心区域的情况。

在稳健性检验中，我们讨论了人口迁移的决定因素，于是人口迁移也作为一个被解释变量。

4. 解释变量与控制变量

移民在五普六普数据中有外省移民和本省移民以及本市移民之分（移民定义使用陆铭等 2014 年的定义：为户籍不在本市但居住在本市的居民），忽略本市移民，把本省外市移民做了学历分类，其各种学历占移民的比重作为解释变量。理论上应该使用净移民的数据，但是鉴于王国霞等 2012 年的统计，六普数据显示，中国人口迁出地仍然集中于川黔渝等地，但是在流出的同时，四川省在六普的结果中已经变成净流入最大的西部目的地，西部只有云贵迁出呈上升态势，这表明净流入已经不能完全说明城市的吸引力，再观察发现移出移民数量在十年间没有发生大的变化，所以使用了更加清晰的移入人数（其中 0—14 岁移民比例在两次普查中都为 10% 左右，所以没有在各种比例计算口径中剔除）。六普显示的迁移人群中高等学历比例上升，其中省内迁移提高了 6.4%，省外高学历迁移则有少许下降。从 12.04% 降到 9.43%，这个比例的下降也是我们调整 2005 年度数据的基础（非户籍常住人口中，有一部分为 15—29 岁学习培训人口，该部分人口在总移民中的比例在 2000 年的全国平均数为 11.21%，2010 年为 11.42%，而移民中 2010 年本专科学历人口比例指标中本省移民均值为 30%，外省为 23%，远高于培训人口）。房价具有其他更加重要的影响因素，所以经济增长（GDP 表征）、收入（用职工收入表征）、经济发展阶段（用第二、三产业职工人数比重表征）、区位优势（用货运量和客运量表征），上述控制变量根据陆铭等（2014）对于房价预期的理解和方法，使用了提前两年的数据，地价在短期中有抬高房产销售价格的作用，而在中期，则趋于中性，并且无法判断其和房价的内生性问题（周彬、杜两省），所以没有使用地价这个控制变量。移民收入数据除了 2005 年，其他年份缺失，而且在试算中我们发现居民收入对于房价的影响系数统计不显著（和况伟大 2010 年得出的结论一致）。

关于土地价格，在文献综述中本文已经提出地价取决于房价的假设，并且考虑到实证中如果加入地价因素，一是由于数据的复杂性（划拨出让招拍挂的数据需要对应房价），二是会增加模型的内生性，而采用滞后变量作为工具变量结合 Hausman 检验的 GMM 方法在逻辑上也差强人意，由于研究主题的关注度高，尽量使用简单清晰的模型便于检验和讨论，所以放弃了地价这个控制变量，基于面板数据的分位数回归，能够更加清晰无歧义地描述中国不同地区移民学历和房价的关系。

基本模型如下：

$$hprice_{it} = c + \beta_1 immigedu1_{it} + \beta_2 immigedu2_{it} + \beta_3 immigedu3_{it} + \beta_4 immigedu4_{it}$$
$$+ \gamma X_{it} + \varepsilon \qquad\qquad 式\ 1$$

其中，$hprice$ 为房价，$immigedu1-4$ 分别为高中及高中以下移民、大专学历移民、大学学历移民和研究生移民，X 为控制变量集，i 代表各城市，t 为年份。

关于随机或固定效应模型选择，$hausman$ 检验的结果 $chi2 = -62.75$，排除随机效应模型，其实无论排除与否，由于中国各地区明显异质性，我们倾向使用固定效应模型。

三、实证分析结果——移民与房价

分步加入了控制变量之后得到系列模型的实证结果如表 2 所示。

表 2   移民对房价影响实证结果表

解释变量	房价	
	$\beta(\gamma)$	
外省移民专科比例	-0.1005	(-1.52)
外省移民本科比例	-0.3714 ***	(-2.88)
外省移民研究生比例	-0.1465 ***	(-3.45)
本省移民专科比例	-0.1598 *	(-2.07)
本省移民本科比例	-0.1145 *	(-1.65)
本省移民研究生比例	-0.1171 **	(-2.26)
外省移民数	0.2805 *	(1.91)
本省移民数	0.1430	(1.43)
第二产业职工比例	0.3306 *	(1.75)
第三产业职工比例	-0.4894 *	(-1.91)
客运	0.1419	(1.15)
货运	-0.1923	(-1.50)
GDP	0.5899 ***	(8.21)
收入	0.0629 *	(1.85)

注：括号内为 t 统计量；***、**、* 分别代表 1%、5% 和 10% 的水平下显著。

外省移民对于房价有积极的影响，迁入人口增加 1%，房价上涨 0.28%，而本省移民虽然呈现对房价正面影响，但是统计不显著。GDP 和收入都有提升房价的作用，GDP 上升 1%，房价上升 0.58%，职工收入增加 1%，房价上涨 0.06%，影响显然没有 GDP 增长和移民的作用大，第二产业比重增加，也会带来房价上涨，而第三产业的影响则是负面。由于是以人数计量，不能完全体现效率，则认为低端第三产业人数增加，不能提高房价。客运量的增加，说明旅游和商贸的发达，对于房价有高于收入对房价的影响。重点在于，移民中的本科学历占比越大，对房价有很大的负面影响，外省移民中的本科比重增加 1%，对于房价的负面作用达到 0.37%，本省移民中的本科学历比重对于房价的负面影响没有外省移民那么大，也达到了 −0.11%。从这个结果分析，移民进入助长了房价，外省移民的助长作用高于本省移民，而移民中主要助长房价的力量来自低学历人群（本文实证有一个数据缺陷，就是没有单独提取出来高学历毕业留在读书地城市的数量和对于房价及经济增长的影响系数，但是抛开毕业留校的迁入人口，本文定义的高学历移民仍然占了外来移民总数的 10%）。

投机因素没有体现，特大型城市的房价收入比远远高于一般城市，特高房价地区年轻大学毕业生趋之若鹜，难道这些不是推动当地房价的重要力量吗？中国大城市之间的异质性，特别是房价的巨大差别，使得我们必须进行进一步的细化分析。这里采用分位数回归方法，按照房价的由高到低，分成十分位，由于是房价绝对值，所以不能使用对数方程，这里的被解释变量和被解释变量都是原始数据。GDP 单位为亿元，收入单位为元，移民人数单位为万人。回归结果如表 3 所示。

表 3　　　　　　　　　　　　移民与房价分位数回归实证结果

房价	90 分位	80 分位	70 分位	60 分位	50 分位	40 分位	30 分位	20 分位	10 分位
本科移民比例	− 1424.99	− 1563 **	− 969	− 665	− 895 *	− 1004 **	− 529	− 469	− 445
	（− 1.52）	（− 2.15）	（− 1.49）	（− 1.26）	（− 1.83）	（− 2.56）	（− 1.27）	（− 0.7）	（− 0.54）
GDP	0.808 **	0.894	0.733	0.42 *	0.453 **	0.426 ***	0.344 **	0.436 ***	0.339 *
	（2.27）	（2.46）	（1.98）	（1.71）	（2.33）	（3.16）	（2.36）	（3.05）	（2.07）
职工收入	0.2505 **	0.2063 ***	0.171 ***	0.173 ***	0.16 ***	0.1454 ***	0.1351 ***	0.1175 ***	0.1267 ***
	（2.57）	（3.44）	（3.47）	（4.91）	（5.8）	（5.78）	（6.72）	（7.99）	（8.9）
移民人数	0.018	0.922	2.548 *	3.208 ***	3.435 ***	3.838 **	2.265	2.3	1.82
	（0.01）	（0.6）	（1.62）	（4.08）	（2.98）	（2.47）	（1.58）	（1.41）	（1.29）
cons	285.4178	472.7	318.2	279.9	358.3	440.9	498	523.8	174.1
	（0.45）	（1.25）	（0.92）	（1.21）	（1.97）	（2.21）	（2.87）	（2.45）	（0.79）

注：括号内为 t 统计量；*** 、** 、* 分别代表 1%、5% 和 10% 的水平下显著。

对于 90 分位和 80 分位的房价城市，移民因素对于房价影响统计不显著，说明投资需求高涨，实际居住需求不能反映房价的大部分。而在房价的 70 分位到 40 分位，移民因素正向显著，实际居住需求的作用凸显。本科移民比例对房价的影响系数在 90 分位和 30 分位以下虽然和其他分位一致都为负，但是统计不显著，这实际和移民因素的统计显著性重叠，移民和房价关联不显著的城市，自然其移民中本科比例高低更可能无关房价涨跌。而在统计显著的 80 分位到 40 分位，本科移民比重都和房价负相关。而房价高位区域的收入与房价关系的系数明显大于房价低位地区。收入越高，房价越高，且收入越高地区的房价涨幅越大，其中 GDP 的贡献也更加大，说明经济发展是促进房价的第一要素，而移民是第二要素，收入是第三要素，移民中的非高学历人群是房价促进因素，高学历人群对房价起了反向作用（无法判断大专院校留在就读城市人口的影响）。

四、稳健性检验及移民动机的新发现

稳健性检验采用如下模型：

$$immigedu2_{it} = c + \beta_1 hprice_{it} + \gamma X_{it} + \varepsilon \qquad \text{式2}$$

公式中各变量、系数及下标含义同式 1。

表 4　　　　　　　　　　　　移民动机实证结果表

被解释变量 解释变量	移民	移民中本科比例
房价	− 0. 14024	− 0. 96881
	(− 1. 67)	(− 4. 29)
GDP	0. 36683	0. 848126
	(2. 37)	(2. 04)
职工收入	0. 561656	0. 345014
	(2. 81)	(0. 64)
cons	3. 162598	− 11. 4801
	(4. 28)	(− 5. 76)
$R2$	0. 9	0. 39

注：括号内为 t 统计量。

从这样的稳健性检验，无法排除自变量和因变量之间的互相影响，即内生性无法避免（在基本模型中我们使用了提前控制变量提前两年的数据，而在稳健性检验中使用了滞后两年的收入和 GDP 数据，首先是考虑预期的作用，第二是少许减少内生性），但是我们得到了更多的关于移民迁移动机的洞见，一个城市的经济增长以及平均收入，激励了劳动力的流入，对于本科学历移民，则无所谓收入的增长，从如此大的方程解释力度（0.9）来看，房价的上涨，反而是移民趋之若鹜的表征，当然，不能就此理解房价上涨为移民的原因。在原始数据的基础上，我们使用了一个考虑高等教育移民意向的近似指标——"移民中受高等教育人数比例除以在校学生占移民比"，这个比例越高，能够部分说明非本地大学生留居本地的意愿。在 2010 年房价最高的北京、上海、杭州、深圳四个城市，这个比例分别为 1.48、1.45、0.27、4.13，除杭州市外均远高于其他城市 31% 的均值，亦佐证这些房价高城市的高学历人员移居倾向。根据文献综述和基于基本模型的实证，房价的上涨主要基于经济增长，而后来的稳健性检验中得到的结论是繁荣带来的收入增长机会，吸引了移民，产业多样化带来的机会，吸引了年轻高学历一代。无论怎样，没有证据表明房价阻碍了移民进程，安居的需求是居于乐业之后的。

五、结论及政策启示

根据本文两部分的实证，证明了房价由经济增长、收入提高和移民带动，房价没有阻碍移民涌入就业的步伐。所以，地方政府不需要非常担忧高房价而导致在人口"争夺"居于劣势地位。对于人口迁移，特别是高学历移民的迁移的倾向的考量，一般认为是做好地方养老体系可持续化的重要基础，是经济转型升级和可持续发展的基础，是未来的希望，所以在吸引未来人口的结构方面，地方政府往往愿意多吸引高素质高学历人口，但从本文分析来看，高学历移民没有体现出明显优于非高学历移民的收入能力，一方面提示对于非高学历移民的重视应该加强；另一方面也印证了高学历移民在迁入地新世界遇到了诸多困难，年轻大学毕业生对于房价的抱怨舆论占据各种媒体，但从稳健性检验的结果来看，房价并不阻碍移民步伐，更加不是高学历移民的障碍，高学历移民对于繁荣和机会的向往，丝毫没有因为房价高企而被阻挡，经济的发展和聚集，是最大的向心力。当然，努力地寻求对于这个人群的挽留措施无可厚非，高学历移民人群收入短期内不如务工和经商人员的原因：一方面可能来自高等教育需要更好地匹配产业需求，另一方面也可能来自于产业转型和升级需要加快。对于高等教育和产业的匹配是一个非地域性的问题，地方政府措施有限，但是在培育创业环境方面，可以多做工作，当然，房租上涨可能使短期内的创业受到阻碍，消费升级也不是在所有地区都可以奢望的事情，但是商业租金更多地取决于市场供求而不是房产价格，对于扶持创业来说，减轻各种创业费用和行政管制可能比补贴和打压房租更加有效。毕竟，创业之火已经燃起，从二次普查观察的经商人员比例的增长和本文实证也证明了其坚实的房价推动力背后的收入效应，是鼓舞低学历进而影响高学历青年创业的根本原因。另外，不光是支持创业，传统的制造业的发展带来的就业机会的创造不能被忽视，传统制造业的升级、新产业的扶持是解决就业、提高收入吸引移民的不可或缺的两种方法。

房价不是阻碍人口迁移就业的因素（当然可能是对于迁移人口安居的一个障碍），匹配工作机会从而提高收入才是吸引外来人口的根本而非抑制房价。对于房价上涨的另一个隐含的担心，来自于泡沫论中的泡沫破裂后果，这实际是一个以房产作为抵押资产或证券标的的货币扩散过程，到房价下跌而造成的乘数倍的信用消散（万解秋、徐涛；巴达鲁丁（Badarudin）等），其前提必须是乘数倍的货币扩散在先。如果没有这样的前提，那么有什么理由担心所谓的泡沫破灭后果呢。

当然，在产业升级和转型不能过快实现的地区，努力发展经济、提供更多的创业环境，匹配年轻高学历移民的需求，可能是未来地方政府人力资源争取中的重点。鼓励房产需求、推动经济增长，涵养税源，从而集中财政力量鼓励创业、吸引人口，是可行的路径选择。

✹ 第 6 章
时间序列分析案例

　　时间序列分析就是回答一些由时间相关性带来的数学上与统计上的问题。一般认为，各种不同的因素对事物的发展变化共同起作用，这些因素概括为：长期趋势、季节变动、循环变动和不规则变动。时间序列分析就是试图观察现象在一个时期内的以上这些印象因素的影响。

　　时间序列首先要求平稳性，再可以做自回归（AR）和移动平均（MA）过程的分析，这个合起来称为 ARIMA（Autoregressive Integrated Moving Average Model）。然后衍生出多个变量之间的自回归（VAR）和方差分解模型（VEC）以及 GARCH 等更多的扩展（用更细致的微小变动来解释时间趋势）。

　　这里不展开各种方法的数学推导，只是简单介绍。然后使用 Stata 进行实际操作并给出简单解释。目的是让读者先操作，在熟悉基本命令的情况下如果有兴趣再去深入了解原理。毕竟，统计学到了最后，可能就是哲学范畴的问题了。

6.1　ARIMA 模型

　　ARIMA 模型包含三个部分，即自回归（AR）、差分（I）和移动平均（MA），它们的含义分别是：

　　AR 表示自回归（Auto Regression），I 表示单整阶数（Integration），时间序列必须是平稳的，才能建立计量模型。对时间序列进行单位根检验，如果是非平稳序列，那么需要通过差分转化为平稳序列，经过几次差分转化为平稳序列，就称为几阶单整；MA 表示移动平均模型（Moving Average）。

ARIMA 模型记作 ARIMA（p，d，q），p 为自回归项数；q 为滑动平均项数，d 为使之成为平稳序列所做的差分次数（阶数）。"差分"是关键步骤，采用 ARIMA 模型预测的时序数据，必须是稳定的（平稳性），不稳定的数据，是无法捕捉到时序规律的。

ARIMA 模型实际上是 AR 模型和 MA 模型的组合，ARIMA 模型与 ARMA 模型的区别：ARMA 模型是针对平稳时间序列建立的模型，而 ARIMA 模型是针对非平稳时间序列建立的模型。换句话说，非平稳时间序列要建立 ARMA 模型，首先需要经过差分转化为平稳时间序列，然后建立 ARMA 模型。

模型的优点是：模型简单，只需要内生变量而不需要借助其他外生变量。

模型的缺点是：要求时序数据是稳定的，或者通过差分化之后是稳定的；本质上只能捕捉线性关系，不能捕捉非线性关系。

6.2　平稳性检验

平稳就是围绕着一个常数上下波动且波动范围有限，即有常数均值和常数方差。如果有明显的趋势或周期性，那它通常不是平稳序列。

时间序列必须是平稳的，才能建立计量模型。平稳是指数据围绕着一个常数上下波动且波动范围有限，即有常数均值和常数方差。如果有明显的趋势或周期性，那它通常不是平稳序列。

平稳性是指经由样本时间序列所得到的拟合曲线在未来一段时间内仍能顺着现有的形态惯性地延续下去。

平稳性要求序列的均值、方差和协方差不发生明显变化，通常从三个方面分析：均值，方差和协方差，这三个指标都不会随着时间而发生明显的变化。

ARIMA 模型含有三个参数：p，d，q。

p：代表预测模型中采用的时序数据本身的滞后数（lags），也叫作 AR/Auto – Regressive 项。

d：代表时序数据需要进行几阶差分化，才是稳定的，也叫作 Integrated 项。

q：代表预测模型中采用的预测误差的滞后数（lags），也叫作 MA/Moving

Average 项。

　　单位根检验：

　　对时间序列进行单位根检验，如果是非平稳序列，那么需要通过差分转化为平稳序列，不稳定的数据，是无法捕捉到时序规律的。

　　单位根（Unit Root）检验是指检验序列中是否存在单位根，因为存在单位根就是非平稳时间序列了。单位根就是指单位根过程，可以证明，序列中存在单位根过程就不平稳，会使回归分析中存在伪回归。而扩展迪基—福勒检验（Augmented Dickey – Fuller Test 可以测试一个自回归模型是否存在单位根，通过 ADF 检测的 ADF 值和 p_ value 值看是否满足平稳性要求。

　　（1）ADF 值判断平稳性需要根据 1% 、5% 、10% 不同程度拒绝原假设的统计值：

　　1% ：严格拒绝假设；

　　5% ：拒绝原假设；

　　10% ：类推。

　　ADF 值越小，越拒绝原假设，越说明序列不存在单位根，那么时间序列越平稳。

　　（2）p_ value 值要小于一个显著值，时间序列就是平稳的，一般以 0.01 为显著值。

6.3　VAR 和方差分解

　　VAR 相当于是 AR 的推广。ARMA 是针对单变量时间序列的，而 VAR 则是研究多变量时间序列的。

　　VAR 中的方差分解是分析影响内生变量的结构冲击的贡献度。例如，有好多行业产品的需求变动会对钢铁行业产品的需求变动产生影响，像建材行业、汽车行业、机械行业、家电行业。那么，如果我们想要知道这 4 个行业的需求变化对钢铁行业的需求变化产生的影响哪个大、哪个小呢，就可以用方差分解来做。做出来的结果是用贡献率（百分比）来表示的，如假设结果是以上 4 个行业在某个时点上的贡献率分别为 10% ，12% ，16% ，20% （随时间的变化，这个贡献率也是在变化的），其意思是在该时点钢铁行业需求的变动，10%是建材行业的需求变动引起的，12%是汽车行业的需求变动引起的，以此类推。

6.4 时间序列分析示例

选取 2015 年 10 月到 2020 年 6 月的月度中证互联网金融指数作为因变量，同时期工业增加值为自变量，分析互联网金融指标在工业增加值水平下的发展趋势，因为中证互联网金融指数选取与支付、融资、投资、保险、金融信息服务以及其他与互联网金融相关的代表性沪深 A 股作为样本股，为排除互联网金融指标受股票市场价格变动的影响，将同时期沪深 300 指数作为控制变量。

iav—工业增加值

ifi—中证互联网金融指数

csi300—沪深 300 指数

inSheet using iav. txt，clear///调用数据

genlnifi = ln（ifi）///取对数

genlncsi = ln（csi300）

genlniav = ln（iav）

destring date，replace///将字符串变成数字型变量

tsset date///定义以 date 为时间序列顺序（如图 6 – 1 所示）

```
tsset date
        time variable:  date, 201510 to 202009, but with gaps
              delta:  1 unit
```

图 6 – 1 设定时间序列

genLiav = L. lniav///生成一阶滞后

genLifi = L. lnifi

genLcsi = L. lncsi

corrgram lniav///做工业增加值对数一阶滞后的相关图和自相关图

Q 统计量检验的是一系列虚无假设，即所有时滞的自相关都为 0，因为 P 值都小于 0.05，因此，认为 lniav 自相关成立（如图 6 - 2 所示）。

LAG	AC	PAC	Q	Prob>Q	-1 0 1 [Autocorrelation]	-1 0 1 [Partial Autocor]
1	0.6426	0.6900	23.56	0.0000		
2	0.4085	-0.0712	33.263	0.0000		
3	0.4340	0.0363	44.434	0.0000		
4	0.3404	-0.1603	51.441	0.0000		
5	0.2667	0.1093	55.832	0.0000		
6	0.2267	0.0916	59.07	0.0000		
7	0.1802	0.0201	61.161	0.0000		
8	0.1383	0.0194	62.418	0.0000		
9	0.1089	-0.1396	63.214	0.0000		
10	0.0798	.	63.652	0.0000		
11	0.0222	.	63.686	0.0000		
12	0.0000	.	63.686	0.0000		
13	0.0000	.	63.686	0.0000		
14	0.0000	.	63.686	0.0000		
15	0.0000	.	63.686	0.0000		
16	0.0000	.	63.686	0.0000		
17	0.0000	.	63.686	0.0000		
18	0.0000	.	63.686	0.0000		
19	0.0000	.	63.686	0.0000		
20	0.0000	.	63.686	0.0000		
21	0.0000	.	63.686	0.0000		
22	0.0000	.	63.686	0.0000		
23	0.0000	.	63.686	0.0000		
24	0.0000	.	63.686	0.0000		
25	0.0000	.	63.686	0.0000		

图 6 - 2 Q 统计量检验结果

aciav，lag（5）///做 iav 时序滞后五期的自相关图（超过弧线外的相关都是个体显著），如图 6 - 3 所示。

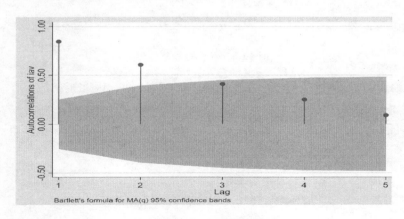

图 6 - 3 自相关图

aciav, lag (5) ///做 iav 时序滞后五期的偏自相关图（超过线外的偏自相关个体显著），如图 6 - 4 所示。

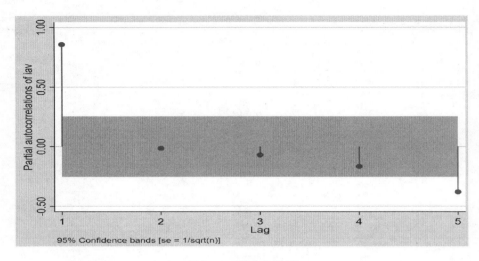

图 6 - 4　偏自相关图

dfuller Liav///平稳性检验，命令和结果如图 6 - 5 所示。

```
Dickey-Fuller test for unit root              Number of obs   =      42

                          ─────── Interpolated Dickey-Fuller ───────
                  Test         1% Critical      5% Critical      10% Critical
              Statistic          Value            Value             Value
──────────────────────────────────────────────────────────────────────────
 Z(t)          -3.174           -3.634           -2.952           -2.610
──────────────────────────────────────────────────────────────────────────
MacKinnon approximate p-value for Z(t) = 0.0216
```

图 6 - 5　平稳性检验结果

（因为结果 - 3.174 介于 - 3.634 和 - 2.952 之间，因此拒绝原假设，不存在单位根，序列平稳。）

arima Liav, arima (1, 1, 0) ///ARMA 得到如图 6 - 6 所示的结果。

```
Number of gaps in sample:  5
(note: filtering over missing observations)

(setting optimization to BHHH)
Iteration 0:    log likelihood =  67.681281
Iteration 1:    log likelihood =  68.189771
Iteration 2:    log likelihood =  68.618238
Iteration 3:    log likelihood =  68.860924
Iteration 4:    log likelihood =  68.915671
(switching optimization to BFGS)
Iteration 5:    log likelihood =  69.029463
Iteration 6:    log likelihood =  69.382602
Iteration 7:    log likelihood =  69.560604
Iteration 8:    log likelihood =  69.605988
Iteration 9:    log likelihood =  69.607377
Iteration 10:   log likelihood =  69.607387
Iteration 11:   log likelihood =  69.607387

ARIMA regression

Sample:  201512 - 202009, but with gaps        Number of obs    =        42
                                               Wald chi2(1)     =     18.14
Log likelihood =  69.60739                     Prob > chi2      =    0.0000
```

D.Liav	Coef.	OPG Std. Err.	z	P>|z|	[95% Conf. Interval]	
Liav						
_cons	.0028694	.007142	0.40	0.688	-.0111287	.0168675
ARMA						
ar						
L1.	-.5429379	.1274791	-4.26	0.000	-.7927923	-.2930834
/sigma	.044995	.0054557	8.25	0.000	.0343021	.0556879

```
Note: The test of the variance against zero is one sided, and the two-sided
      confidence interval is truncated at zero.
```

图 6 - 6　ARIMA 结果

predictLiavres，resid///得到回归残差序列 Liavres。

corrgram Liavres///对回归残差序列 Liavres 做相关性检验得到如图 6 - 7 所示的结果。

因为 P 值都大于 0.05，因此，认为 Liavres 自相关不成立。

```
                                      -1    0    1 -1    0    1
LAG      AC       PAC      Q     Prob>Q [Autocorrelation] [Partial Autocor]

1     0.0453   0.0566   .09251  0.7610
2    -0.1065  -0.1688   .61682  0.7346
3     0.1063   0.2311  1.1518   0.7646
4    -0.0824  -0.2607  1.4818   0.8299
5    -0.1215   0.0161  2.2188   0.8181
6    -0.0206  -0.0088  2.2406   0.8963
7    -0.0208   0.1076  2.2633   0.9438
8    -0.0296     .     2.3111   0.9700
9    -0.0135     .     2.3213   0.9853
10    0.0000     .     2.3213   0.9932
11    0.0000     .     2.3213   0.9970
12    0.0000     .     2.3213   0.9987
13    0.0000     .     2.3213   0.9995
14    0.0000     .     2.3213   0.9998
15    0.0000     .     2.3213   0.9999
16    0.0000     .     2.3213   1.0000
17    0.0000     .     2.3213   1.0000
18    0.0000     .     2.3213   1.0000
19    0.0000     .     2.3213   1.0000
```

图 6-7　回归残差序列相关检验

从上面结果看出残差序列不存在自相关，是平稳序列，由此得知 arima（1，1，0）的拟合结果比较理想。

varsoc lniav lncsi lnifi///对 VAR 模型的阶数进行识别（根据 SIC 最小准则，三阶对应的 AIC 最小，因此，选三阶滞后），如图 6-8 所示。

```
Selection-order criteria
Sample: 201605 - 201912, but with gaps     Number of obs    =    32

lag    LL       LR      df   p     FPE       AIC      HQIC      SBIC

0    97.3584                       5.5e-07  -5.8974  -5.85185  -5.75999
1   230.577  266.44    9  0.000   2.4e-10* -13.6611 -13.4789* -13.1114*
2   238.852  16.549    9  0.056   2.5e-10  -13.6157 -13.2969  -12.6538
3   249.318  20.933*   9  0.013   2.4e-10  -13.7074* -13.2519 -12.3332
4   257.45   16.264    9  0.062   2.7e-10  -13.6531 -13.061  -11.8668

Endogenous:  lniav lncsi lnifi
Exogenous:   _cons
```

图 6-8　模型阶数检验结果

var lnifi lniav，lags（1/3）///对两个变量进行 VAR 模型回归，结果如图 6-9 所示。

```
Vector autoregression

Sample:  201604 - 201912, but with gaps        Number of obs    =        36
Log likelihood =   169.5228                     AIC              =  -8.640155
FPE            =   6.12e-07                      HQIC             =   -8.42522
Det(Sigma_ml)  =   2.79e-07                      SBIC             =  -8.024342

Equation            Parms    RMSE     R-sq      chi2     P>chi2

lnifi                  7    .046605   0.8836   273.2457   0.0000
lniav                  7    .014557   0.9624   920.815    0.0000
```

	Coef.	Std. Err.	z	P>|z|	[95% Conf. Interval]	
lnifi						
lnifi						
L1.	.9572687	.1507839	6.35	0.000	.6617377	1.2528
L2.	-.0562112	.1717427	-0.33	0.743	-.3928206	.2803982
L3.	.1226136	.1198635	1.02	0.306	-.1123144	.3575417
lniav						
L1.	.0865815	.2406513	0.36	0.719	-.3850863	.5582493
L2.	-.6885701	.19294	-3.57	0.000	-1.066726	-.3104146
L3.	.4998202	.2036276	2.45	0.014	.1007174	.898923
_cons	-.0096871	.6475682	-0.01	0.988	-1.278897	1.259523
lniav						
lnifi						
L1.	.001826	.0470977	0.04	0.969	-.0904839	.0941358
L2.	.0274468	.0536442	0.51	0.609	-.077694	.1325876
L3.	.0407271	.0374396	1.09	0.277	-.0326533	.1141074
lniav						
L1.	.8539286	.075168	11.36	0.000	.706602	1.001255
L2.	.0671611	.0602653	1.11	0.265	-.0509567	.1852789
L3.	.0557798	.0636036	0.88	0.380	-.068881	.1804405
_cons	-.5196366	.2022695	-2.57	0.010	-.9160776	-.1231956

图 6 - 9　VAR 模型结果

est store var1///保存回归结果。

varstable，graph///对 VAR 模型进行稳定性检验，如图 6 - 10 和图 6 - 11 所示。

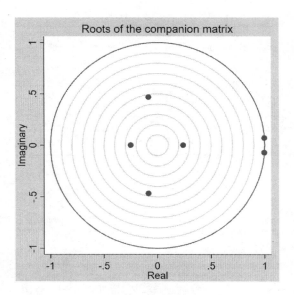

图 6 – 10   稳定性检验图 1

varstable，graph dlabel

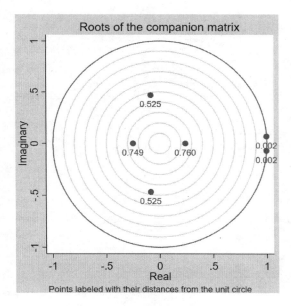

图 6 – 11   稳定性检验图 2

被估计模型所有根的模的倒数小于 1，即位于单位圆内，则是稳定的。由图 6 – 11 可知，该模型稳定。

Vargranger///对以上 VAR 模型做格兰杰非因果检验，如图 6-12 所示。

Granger causality Wald tests

Equation	Excluded	chi2	df	Prob > chi2
lnifi	lniav	17.149	3	0.001
lnifi	ALL	17.149	3	0.001
lniav	lnifi	11.087	3	0.011
lniav	ALL	11.087	3	0.011

图 6-12　格兰杰非因果检验结果表

不能证明格兰杰因果关系不成立，可以做脉冲分析。

irf set result1///创建并激活 irf 文件

irf create result1，order（lnifi lniav）///将名为 result1 的 irf 赋予顺序

irf graph oirf///做正交脉冲响应图，如图 6-13 所示。

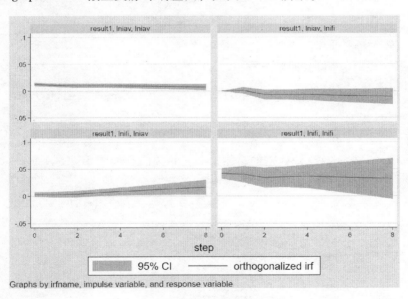

图 6-13　正交脉冲响应图

　　第一行展示了工业增加值受到一个单位标准差的冲击对互联网金融指数造成的影响，互联网金融指数受到该冲击的影响先衰退，之后趋于平稳；第二行展示了互联网金融指数受到一个单位标准差的冲击对工业增加值造成的影响，工业增加值随着冲击的影响缓慢上升。

regress lnifi L（1/2）. lnifi L1. lnifi L1. lncsi///以 lnifi 作为被解释变量，以 lnifi 滞后一期和两期、lnifi 滞后一期、lncsi 滞后一期作为解释变量，进行回

归，回归结果如图 6 - 14 所示。

Source	SS	df	MS		Number of obs	=	43
					F(4, 38)	=	48.04
Model	.613787739	4	.153446935		Prob > F	=	0.0000
Residual	.121381476	38	.003194249		R-squared	=	0.8349
					Adj R-squared	=	0.8175
Total	.735169214	42	.017504029		Root MSE	=	.05652

lnifi	Coef.	Std. Err.	t	P>|t|	[95% Conf. Interval]	
lnifi						
L1.	1.010867	.1438436	7.03	0.000	.719671	1.302063
L2.	-.1245175	.146113	-0.85	0.399	-.4203078	.1712728
lniav						
L1.	-.1865235	.1038657	-1.80	0.080	-.3967886	.0237417
lncsi						
L1.	-.0989819	.086491	-1.14	0.260	-.2740738	.0761099
_cons	2.052447	.9482477	2.16	0.037	.1328196	3.972074

图 6 - 14　回归结果

由图 6 - 14 可知，该回归结果显著。

根据回归结果得到回归方程：

$$lnifi_t = 2.052 + 1.011\, lnifi_{t-1} - 0.125\, lnifi_{t-2} - 0.187\, lniav_{t-1} - 0.099\, lncsi_{t-1} + \hat{u}_t$$

predict e，resid

generate resid2 = e^2

corrgram resid2///做残差的自相关和偏相关图，如图 6 - 15 所示。

LAG	AC	PAC	Q	Prob>Q	-1 0 1 [Autocorrelation]	-1 0 1 [Partial Autocor]
1	-0.0042	-0.0024	.0008	0.9775		
2	0.2195	0.2420	2.2754	0.3206		
3	-0.0758	-0.0594	2.5535	0.4657		
4	0.1479	0.2334	3.6384	0.4572		
5	0.0552	0.1610	3.7934	0.5795		
6	0.0449	-0.0837	3.8988	0.6904		
7	0.0062	0.0560	3.9008	0.7911		
8	-0.0239	.	3.9323	0.8632		
9	-0.0094	.	3.9373	0.9155		
10	0.0000	.	3.9373	0.9501		
11	0.0000	.	3.9373	0.9717		
12	0.0000	.	3.9373	0.9845		
13	0.0000	.	3.9373	0.9918		
14	0.0000	.	3.9373	0.9958		
15	0.0000	.	3.9373	0.9979		
16	0.0000	.	3.9373	0.9990		
17	0.0000	.	3.9373	0.9995		
18	0.0000	.	3.9373	0.9998		
19	0.0000	.	3.9373	0.9999		

图 6 - 15　残差自相关检验（发现残差存在二阶 ARCH 效应）

arch lnifi L（1/2）. lnifi L1. lniav L1. lncsi，arch（2）/// 以 lnifi 作为被解释变量，以 lnifi 滞后一期和两期、lnifi 滞后一期、lncsi 滞后一期作为解释变量，进行 ARCH 模型回归，结果如图 6 – 16 所示。

```
Number of gaps in sample:  5
(note: conditioning reset at each gap)

(setting optimization to BHHH)
Iteration 0:   log likelihood =  66.147418
Iteration 1:   log likelihood =  66.298586
Iteration 2:   log likelihood =  66.299113
Iteration 3:   log likelihood =   66.31464
Iteration 4:   log likelihood =  66.338487
(switching optimization to BFGS)
Iteration 5:   log likelihood =  66.338518
Iteration 6:   log likelihood =  66.338656
Iteration 7:   log likelihood =  66.338707
Iteration 8:   log likelihood =  66.338718
Iteration 9:   log likelihood =  66.338722
Iteration 10:  log likelihood =  66.338722
Iteration 11:  log likelihood =  66.338723
Iteration 12:  log likelihood =  66.338723

ARCH family regression

Sample: 201512 - 202009, but with gaps        Number of obs   =        43
Distribution: Gaussian                        Wald chi2(4)    =    151.26
Log likelihood = 66.33872                      Prob > chi2     =    0.0000
```

lnifi	Coef.	OPG Std. Err.	z	P>|z|	[95% Conf. Interval]	
lnifi						
lnifi						
L1.	.9973511	.152744	6.53	0.000	.6979783	1.296724
L2.	-.1179924	.1420866	-0.83	0.406	-.3964769	.1604922
lniav						
L1.	-.1571568	.1216719	-1.29	0.196	-.3956293	.0813158
lncsi						
L1.	-.0746855	.1235996	-0.60	0.546	-.3169363	.1675653
_cons	1.857697	1.099592	1.69	0.091	-.2974634	4.012858
ARCH						
arch						
L2.	.232149	.2362603	0.98	0.326	-.2309127	.6952108
_cons	.0020291	.0010374	1.96	0.050	-4.12e-06	.0040624

图 6 – 16　ARCH 模型结果

由图 6 – 16 可知，该回归结果显著。

由以上得到回归结果：

$$lnifi_t = 1.858 + 0.998\, lnifi_{t-1} - 0.118\, lnifi_{t-2} - 0.157\, lniav_{t-1} - 0.075\, lncsi_{t-1} + \hat{u}_t$$

$$\hat{\sigma}_t^2 = 0.002 + 0.232\, u_{t-2}$$

∮ 第 7 章
主成分分析

7.1　主成分分析定义

主成分分析是利用降维的思想，在损失很少信息的前提下把多个指标转化为几个综合指标的多元统计方法。

转化生成的综合指标称之为主成分，其中每个主成分都是原始变量的线性组合，且各个主成分之间互不相关，这就使得主成分比原始变量具有某些更优越的性能。

7.2　基本原理

一个主成分不足以代表原来的 p 个变量，因此需要寻找第二个乃至第三、第四主成分，第二个主成分不应该再包含第一个主成分的信息，统计上的描述就是让这两个主成分的协方差为零，几何上就是这两个主成分的方向正交。具体确定各个主成分的方法如下：

设 Zi 表示第 i 个主成分，$i = 1, 2, \cdots, p$，可设

$$\begin{cases} Z_1 = c_{11}X_1 + c_{12}X_2 + \cdots + c_{1p}X_p \\ Z_2 = c_{21}X_1 + c_{22}X_2 + \cdots + c_{2p}X_p \\ \cdots\cdots \\ Z_p = c_{p1}X_1 + c_{p2}X_2 + \cdots + c_{pp}X_p \end{cases}$$

其中对每一个 i，均有 $C_{i1}^2 + C_{i2}^2 + \cdots + C_{ip}^2 = 1$

7.3　基本步骤

（1）将原始数据标准化，以消除量纲的影响（SPSS 自动计算）。

（2）建立变量之间的相关系数矩阵 R。

（3）计算相关系数矩阵 R 的特征值和特征向量。

（4）写出主成分并计算综合得分。

7.4　主成分分析实验案例

35 座城市排名：使用 2010 年人口普查和国家统计局各年鉴数据，使用变量名介绍：Ymb—移民比；gdp—国民生产总值；crb2—第二产业占人口比例；crb3—单三产业占人口比例；hy—货运；ky—客运；gz—工资；price—房价。

对全国 35 座城市的国民经济发展水平进行主成分分析，并计算 35 个城市国民经济主要指标主成分综合得分。

SPSS 中操作步骤：

1. 选择"分析—降维—因子分析"命令，打开因子分析对话框。

（1）操作方法。

描述：选择"系数"和"KMO"；

提取：选择"碎石图"；

旋转：选择"载荷图"；

选项：选择"按大小排序"。

（2）主成分分析：

表 7 – 1　　　　　　　　　　　相关性矩阵

		ymb	gdp	crb2	crb3	hy	ky	gz	price
相关性	Ymb	1. 000	0. 362	0. 087	– 0. 075	0. 106	0. 173	0. 378	0. 364
	GDP	0. 362	1. 000	0. 012	0. 035	0. 765	0. 295	0. 857	0. 736
	crb2	0. 087	0. 012	1. 000	– 0. 990	0. 182	0. 145	– 0. 068	0. 150
	crb3	– 0. 075	0. 035	– 0. 990	1. 000	– 0. 139	– 0. 109	0. 108	– 0. 108
	hy	0. 106	0. 765	0. 182	– 0. 139	1. 000	0. 522	0. 539	0. 379
	ky	0. 173	0. 295	0. 145	– 0. 109	0. 522	1. 000	0. 115	0. 174
	gz	0. 378	0. 857	– 0. 068	0. 108	0. 539	0. 115	1. 000	0. 799
	price	0. 364	0. 736	0. 150	– 0. 108	0. 379	0. 174	0. 799	1. 000

　　主成分分析适用于变量之间存在较强相关性的数据，如果原始数据相关性较弱，应用主成分分析后不能起到很好的降维作用，所得的各个主成分浓缩原始变量信息的能力相差不大。一般认为，当原始数据大部分变量的相关系数都小于 0. 3 时，应用主成分分析取得的效果不理想。但是这种方法无法进行精确的判断，所以使用 KMO 和巴特利特检验。

　　先建立变量之间的相关系数矩阵 R，再将主成分的特征值开根号。如图7 – 1 所示。

图 7 – 1　KMO 和巴特利特检验

（3）再用成分矩阵里的系数分别处理开完根号的特征值（如表 7 - 2 和表
7 - 3 所示）。

表 7 - 2　成分矩阵系数表

成分矩阵 a			
	成分		
	1	2	3
gdp	0.938	0.186	0.024
gz	0.871	0.292	- 0.231
price	0.825	0.054	- 0.331
hy	0.768	- 0.083	0.495
ymb	0.483	0	- 0.405
crb3	- 0.144	0.974	0.139
crb2	0.194	- 0.968	- 0.121
ky	0.438	- 0.184	0.71
提取方法：主成分分析法			
a 提取了 3 个成分			

表 7 - 3　成分矩阵系数除以特征值平方根

开根号	计算	
1.841466807	0.509376545	= 0.938/1.841466807
1.431782106	0.129908035	= 0.186/1.431782106
1.054039847	0.022769538	= 0.024/1.05039847

2. 计算相关系数矩阵 R 的特征值和特征向量。

（1）"分析"—"描述统计"—"描述"—勾选"将标准化值另存为变量"
（如图 7 -2 所示）。

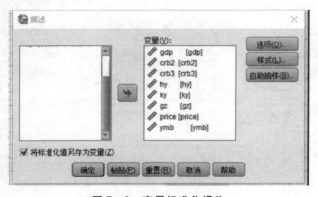

图 7 - 2　变量标准化操作

（2）"转换"—"计算变量"。

先用成分矩阵中的值，除以开根号后的特征值，得出 $y1$、$y2$、$y3$ 的系数（如表 7 - 4 所示）。

表 7 - 4　　　　　　　$y1$，$y2$，$y3$ 三个主成分的系数计算

$y1$	$y2$	$y3$
0. 509376545	0. 129908035	0. 022769538
0. 472992506	0. 203941646	- 0. 2191568
0. 44801242	0. 037715236	- 0. 314029874
0. 417058834	- 0. 057969715	0. 469621714
0. 262290908	0	- 0. 384235948
- 0. 078198531	0. 680271108	0. 131873572
0. 105350799	- 0. 676080526	- 0. 114796419
0. 237853867	- 0. 128511174	0. 673598822
0	0	0
0	0	0

用公式求出 $y1$、$y2$、$y3$ （如图 7 - 3 所示）。

$$\begin{cases} y_1 = 0.51x_1 + 0.47x_2 + 0.45x_3 + 0.42x_4 + 0.26x_5 - 0.08x_6 + 0.10x_7 + 0.23x_8 \\ y_2 = 0.13x_1 + 0.21x_2 + 0.04x_3 - 0.06x_4 + 0 + 0.68x_6 - 0.67x_7 - 0.12x_8 \\ y_3 = 0.01x_1 - 0.13x_2 - 0.18x_3 + 0.27x_4 - 0.22x_5 + 0.08x_6 - 0.06x_7 + 0.38x_8 \end{cases}$$

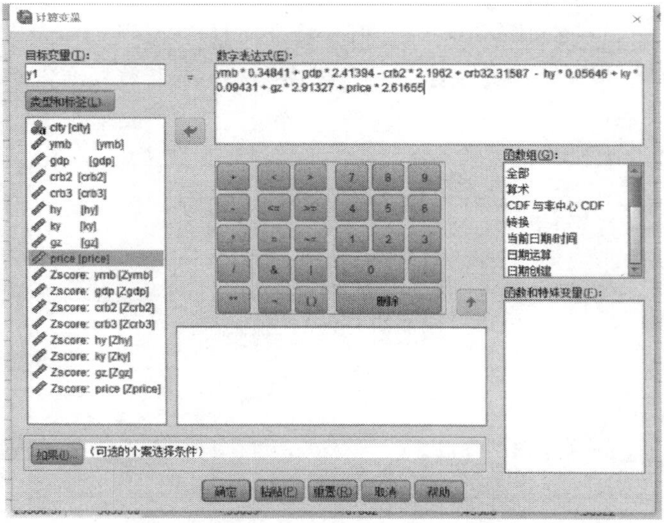

图 7 - 3　主成分系数在 SPSS 中的操作

3. 写出主成分并计算综合得分。

（1）用初始特征值中的方差百分比分的 1、2、3 的值分别乘以 $y1$、$y2$、$y3$，得出城市得分 y（如表 7-5，图 7-4 所示）。

表 7-5　　　　　　　　　　　初始特征值的方差占比

成分	总计	初始特征值方差百分比	累积%
1	3.391	42.385	42.385
2	2.050	25.620	68.005
3	1.111	13.882	81.888
4	0.842	10.521	92.408
5	0.417	5.214	97.622
6	0.115	1.441	99.064
7	0.067	0.833	99.897
8	0.008	0.103	100.000

提取方法：主成分分析法

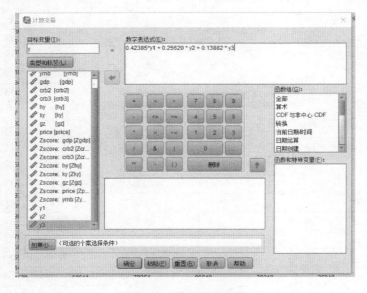

图 7-4　最后得分计算

（2）通过城市得分，进行排序得出城市排名（如表 7-6 所示）。

表 7-6　　　　　　　　　　城市排名最终结果

city	城市得分	城市排名
sh	1.81	1
gz	0.99	2
cq	0.88	3
tj	0.82	4
bj	0.55	5
qd	0.44	6
cd	0.37	7
dl	0.23	8
nj	0.21	9
nb	0.21	10
sz	0.2	11
wh	0.14	12
sy	0.1	13
jn	0.01	14
cs	-0.02	15
hz	-0.08	16
zz	-0.13	17
ty	-0.15	18
xa	-0.19	19
fz	-0.23	20
hf	-0.28	21
cc	-0.28	22
xm	-0.3	23
sjz	-0.3	24
gy	-0.36	25
wrmq	-0.36	26
heb	-0.38	27
hhht	-0.42	28
yc	-0.44	29
nc	-0.45	30
lz	-0.46	31
km	-0.47	32
nn	-0.5	33
xn	-0.57	34
hk	-0.6	35

7.5　使用主成分分析注意事项

（1）主成分分析的结果受量纲的影响，由于各变量的单位可能不一样，如果各自改变量纲，结果会不一样，这是主成分分析的最大问题，回归分析是不存在这种情况的，所以实际中可以先把各变量的数据标准化，然后使用协方差矩阵或相关系数矩阵进行分析。

（2）为使方差达到最大的主成分分析，所以不用转秩（由于统计软件常把主成分分析和因子分析放在一起，后者往往需要转秩，使用时应注意）。

（3）主成分的保留。用相关系数矩阵求主成分时，Kaiser 主张将特征值小于 1 的主成分予以放弃（这也是 SPSS 软件的默认值）。

（4）在实际研究中，由于主成分的目的是为了降维，减少变量的个数，故一般选取少量的主成分（不超过 5 个或 6 个），只要它们能解释变异的70%—80%（称累积贡献率）就行了。

第 8 章

因果效应分析的几种方法——断点回归、中断序列、倍差法

因果效应分析最开始运用于医学研究的随机对照试验及衍生方法，现在被广泛运用于社会学、经济学、管理学的政策分析中。本章介绍这类方法的原理以及一个倍差法的实例。

医学研究中，通常采用随机对照试验来估计因果效应。由于诸多现实原因，随机对照试验有时难以实施，如观察吸烟与肺癌的关系，不可能将人群分为吸烟和不吸烟；观察雾霾对健康的影响，也不可能安排一组人群吸雾霾，另一组不吸雾霾。虽然存在实施障碍，但是可以利用某些自然事件或政策实施等干预来观察这些效应，这类非随机设计的干预研究常称为自然试验（Naturalex Periment）或准试验（Quasi - Experiment）。这类研究由于达不到随机对照试验的效果，其分析往往需要借助于一些方法。本章主要介绍自然试验中常用的一些设计和分析方法。

8.1　前后对照研究（Before - After Studies）

前后对照研究设计思路很简单，仅观察一组人群，没有对照组，比较外部自然事件发生前后两个不同时间点的情况。例如，1996 年美国亚特兰大奥运会前，Michael 等测得奥运会前后 4 周儿童哮喘发生率，与奥运会举办期间（实行交通制约）哮喘发生率进行比较。结果发现，1—16 岁儿童在 1996 年奥运会前后（奥运会前后各 4 周）平均每天的哮喘事件为 4.2 例，而奥运会期间

（7.19—8.4 共 17 天）每天仅 2.5 例，下降了 41.6%，且差异具有统计学意义。

为了排除其他可能影响哮喘的因素，研究者还测量了研究期间的温度、湿度、气压和霉菌计数等因素。发现这些因素在研究期间的改变并无统计学意义。因此，研究者认为，在控制了这些可能的混杂因素后，奥运会前后的哮喘发生数确实有统计学差异。

8.2 倍差法研究（Difference – in – Differences Study）

前后对照研究虽然可以从时间顺序上说明某一暴露的效应，但有时也存在一定的偏倚。如上例中，在亚特兰大的奥运前后和期间其哮喘发生数有差异，但如果其他地区也有类似的差异，此时就不能把这一变化归因于奥运会期间采取的交通制约措施（因为其他地区并没有采取交通制约措施），而倍差法则可以解决这一问题。

倍差法是将一组暴露于外部事件（被外部事件影响）的人群作为暴露组（执行组），另一组未暴露于外部事件的人群作为对照组，同时进行两组前后的差异比较。由于进行了两次差异比较（两组各自前后的差异和两组之间的差异），因此称为倍差法。

例如，1999 年美国德克萨斯州颁布一条法令，要求小于 18 岁以下少女流产前需要通知其家长。Colman 等学者使用倍差法研究调查了该法令实施对流产率的影响。研究者选择了 17 岁怀孕的青少年（暴露组）和 18 岁怀孕的青少年（比较组），分别观察这两组人群在 1999 年（法令颁布前）和 2000 年（法令颁布后）的流产率。结果显示，18 岁年龄组流产率下降 0.15%，而 17 岁年龄组下降 0.34%，两组差异为 − 0.19%。不难理解，如果该法令无效的话，17 岁组和 18 岁组的流产率下降程度应该差不多，而现在的结果是 17 岁组流产率下降更多。因此可以认为，该法令的颁布降低了 17 岁青少年的流产率。

图 8 −1 是经典的倍差法的解释图，Control 表示参照组（控制组）的变化趋势，Treatment 表示执行组的变化趋势，如果假设参照组和执行组都是一个

趋势发展的，那么由于有了一个事件冲击，从而使执行组的变化出现了一个跳跃（趋势仍然不变），那么这个执行（处理）效应 Treatment Effect 就是图中的执行组的跳跃的那段虚线。

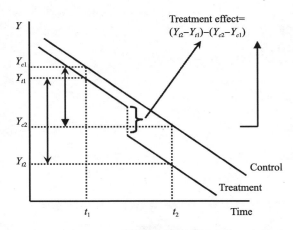

图 8 – 1　经典的倍差法的解释图

8.3　断点回归设计（Regression Discontinuity Design）

断点回归在社会、教育学中用的非常广泛，是一种很好的接近随机对照试验的非随机对照试验。断点回归很容易理解，顾名思义，在某一点上划分组，该点附近的两侧点（如年龄 17 岁和 18 岁，高考 599 分和 600 分，等等）当作随机分组。

例如，北京儿童医院联合国内多家儿童医院，于 2013 年 6 月成立了北京儿童医院集团，目的是资源互补，不同地区的门诊量相互流动，使卫生资源分配更加合理。2016 年冯国双等采用中断时间序列分析方法，对 2011 年 1 月至 2015 年 12 月期间儿童医院集团每月门诊量进行分析。将 2013 年 6 月作为中断点，比较集团成立前和成立后各儿童医院的月门诊量是否有变化，其增长趋势是否有变化。结果显示，北京儿童医院在集团成立后，门诊量数量仍在增加，但门诊量增长速度要低于集团成立之前，说明可能部分门诊量已经转移到集团中的其他医院。

断点回归由于在干预前后都有多次测量，因此不仅可以说明前后大小差异，还可以回答干预前后变化趋势的差异。因为对于门诊量而言，可能一直都在呈增长趋势，仅比较大小的话，看不出资源的变化情况。而通过增长趋势变缓，则可以说明集团成立的影响。

8.4　倍差法——一个传媒并购的案例

企业会因为并购发生什么业绩上的改变是管理学和经济学经常讨论的一个话题。但是运用十年前的线性回归，在线性回归中加入一个是否发生并购的虚拟变量，实际上是相当于做了一个发生并购和没有发生并购的企业的分组业绩影响因素的多元回归分析，无法得出并购事件本身能够带来什么样的业绩影响。使用（匹配）倍差法，等于是对比两组相似企业一组发生并购，另一个没有发生并购的业绩差异。如果能够控制时间因素或者能够找到匹配的相同时间段的样本，那么就可以假设所有的业绩变化来自于并购。这样的方法来分析并购带来的业绩影响显然好于多元回归。

首先要想有什么样的数据适合做传媒行业的一个分析。并购前后业绩是一个被经常讨论的话题，每一个行业的并购应该具有异质性，也就是行业特征。那么就去国内外学术网站寻找是否有传媒并购的文献，这些文献研究了并购的原因还是结果，用了什么方法。经过搜索，可知当时没有多少关于传媒行业并购的研究，仅有的几篇，也是年代比较久远，由于传媒并购在 2015 年和在 1999 年的市场环境显然不同，所以只要有 2015 年左右的数据，仍然可以往下进行。另外，考虑使用比较新的方法，发现没有用倍差法做并购绩效分析。所以，初步认为使用倍差法分析中国 2013—2015 年的传媒行业并购绩效是一个比较新的题目。下一步，就要考虑数据是否能够得到。显然各个大型数据库都有上市公司的数据，能够列表并购事件成为关键。因为传媒类上市公司不是很多，所以，只要有事件列表，找出有传媒并购事件（收购参股传媒类公司或者被传媒类公司收购入股）的上市公司的工作量应该不大。应该有一些传媒类公司没有发生并购行为，所以可以构造对照组。

接下来需要定义绩效，为了防备一个指标不能达到理想的方向或者不显著

（并购对业绩影响正反还是其次，不显著在期刊上意味着结论不鲜明，发表就比较困难）要多准备一些指标，以观察更多并购后的财务表现。

下面我们展现一些数据操作过程：

首先是整理从数据库中下载的数据，然后整理成如图 8 - 2 所示的格式，重要的是第三列对于 T 和第四列对于 P 的设置。T 表示 Treatment，取值 1 和 0，1 表示发生过并购事件的样本，0 表示未发生过并购事件的样本。P 表示时间期数，在 T = 1 的样本中，P = 1 表示并购后的期数，P = 0 表示并购前的期数。而在 T = 0 的样本中，因为作为执行组的对照，所以也跟随 T = 1 的样本。P = 1 表示执行组并购后的期数，P = 0 表示执行组并购前的期数。如图 8 - 2 所示。

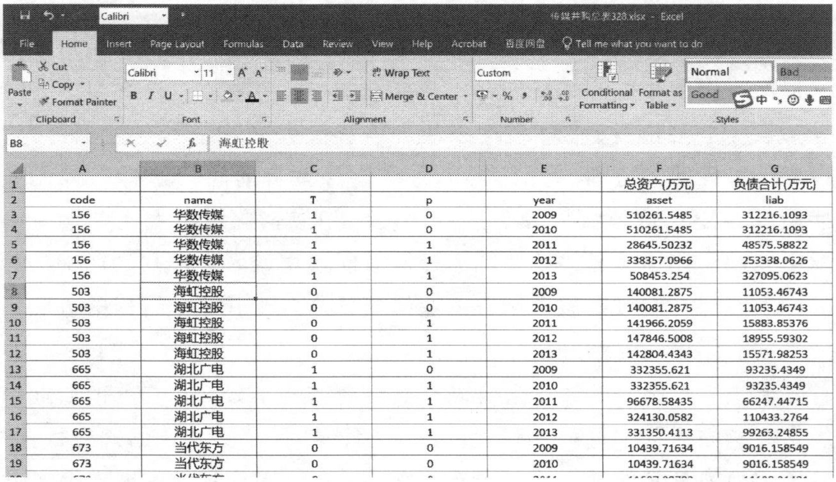

	A	B	C	D	E	F	G
1						总资产(万元)	负债合计(万元)
2	code	name	T	p	year	asset	liab
3	156	华数传媒	1	0	2009	510261.5485	312216.1093
4	156	华数传媒	1	0	2010	510261.5485	312216.1093
5	156	华数传媒	1	1	2011	28645.50232	48575.58822
6	156	华数传媒	1	1	2012	338357.0966	253338.0626
7	156	华数传媒	1	1	2013	508453.254	327095.0623
8	503	海虹控股	0	0	2009	140081.2875	11053.46743
9	503	海虹控股	0	0	2010	140081.2875	11053.46743
10	503	海虹控股	0	1	2011	141966.2059	15883.85376
11	503	海虹控股	0	1	2012	147846.5008	18955.59302
12	503	海虹控股	0	1	2013	142804.4343	15571.98253
13	665	湖北广电	1	0	2009	332355.621	93235.4349
14	665	湖北广电	1	1	2010	332355.621	93235.4349
15	665	湖北广电	1	1	2011	96678.58435	66247.44715
16	665	湖北广电	1	1	2012	324130.0582	110433.2764
17	665	湖北广电	1	1	2013	331350.4113	99263.24855
18	673	当代东方	0	0	2009	10439.71634	9016.158549
19	673	当代东方	0	0	2010	10439.71634	9016.158549

图 8 - 2　在 Excel 中的数据格式图

把数据导入 Stata。然后制作成 dta 文件。在 Stata 中需要进行进一步处理。

use " C：\ Users \ admin \ Desktop \ 传媒 DID328. dta"，clear

destring name，replace 把文本变量变成字符串变量（实际在这里可以不用这一步操作，因为再后续的操作中没有用到 name 变量，而用的是 code）

gene rps = nprofit/share 构造新的财务指标，这需要在形成论文时给出新构造指标的合理解释

gene rsa = scost/sale

psmatch2 t asset sale 匹配处理

pstest asset sale rsprof3，sum 匹配检验（匹配技术的结果没有太公认的标准，所以不展开讲解，在附录的论文实例中有简单的解释）

diff rsa，t（t）p（p）无控制变量的倍差法模型

diff rsa，t（t）p（p）cov（fasset liquliab）在控制固定资产和流动负债后对于并购后的销售成本率的变化和未发生并购企业的销售成本率进行比对

也可以使用对数值作为因变量进行计算 gene lnasset = ln（asset）

genelnsprof = ln（sprofit）等，或者对于各种财务比率也使用对数值，但是使用对数值和不使用对数值的运算结果的解释有差异。以下就是以销售利润为例，没有控制变量的结果，如图 8 - 3、图 8 - 4 所示。

```
                    DIFFERENCE IN DIFFERENCES ESTIMATION
                --------- BASE LINE ---------  ----------- FOLLOW UP -----------
Outcome Variable  Control  Treated  Diff(BL)  Control  Treated  Diff(FU)  DIFF-IN-DIFF

lnsprof            8.864    9.421    0.557     8.721    9.898    1.177     0.619
Std. Error         0.115    0.162    0.198     0.138    0.203    0.246     0.316
t                 77.24    12.31    2.81      7.83     12.33    3.08      1.96
P>|t|              0.000    0.000    0.005***  0.000    0.000    0.000***  0.051*

* Means and Standard Errors are estimated by linear regression
**Inference: *** p<0.01; ** p<0.05; * p<0.1
```

图 8 - 3　倍差法分析结果 1

```
                    DIFFERENCE IN DIFFERENCES ESTIMATION
                --------- BASE LINE ---------  ----------- FOLLOW UP -----------
Outcome Variable  Control  Treated  Diff(BL)  Control  Treated  Diff(FU)  DIFF-IN-DIFF

lnsale            10.754   11.164   0.410     10.754   11.723   0.968     0.559
Std. Error         0.120    0.164    0.204     0.143    0.218    0.261     0.331
t                 89.69    13.25    2.01      10.75    13.72    2.55      1.69
P>|t|              0.000    0.000    0.045**   0.000    0.000    0.000***  0.092*

* Means and Standard Errors are estimated by linear regression
**Inference: *** p<0.01; ** p<0.05; * p<0.1
```

图 8 - 4　倍差法分析结果 2

这两个结果反映在结论表格中，如表 8 - 1 所示。

表 8 - 1　　　　　　　　　　倍差法分析结果汇总表

并购引起差异	基期			并购发生后				
	未发生并购企业	发生并购企业	差异	未发生并购企业	发生并购企业	差异	倍差
销售利润	8.864	9.421	0.557	8.721	9.898	1.177	0.619
（对数）							1.96
销售收入	11.164	10.754	0.41	11.723	10.754	0.968	0.559
（对数）							1.69

销售利润的增长的差异为 61.9% ，而销售收入的增长差异为 55.9% ，且这两个差异都在 10% 的情况下拒绝原假设，说明并购差异是统计显著的。

附录：

并购真的危险重重吗？①

——基于匹配倍差法的传媒业内并购绩效实证分析

一、引言及文献综述

由于行业的相关新技术的革命性发展，对于未来前景的看好，传媒业成为近年来变革最为剧烈的行业之一，新旧媒体对于受众的交替争夺和新技术引起的崭新机会，政策持续向好，以及 IPO 一度停滞等具体因素使得并购整合成为传媒行业里面最重要的特征之一。

大量的并购行为指向了并购的绩效的理论和应用性研究，什么样的并购是合意的：增进近期公司业绩或者符合远期战略？由于远期战略缺乏长时间序列数据而一时无法证伪，所以近期的并购后业绩成为研究的焦点。近期绩效是这个快速变化行业企业生存的重要目标，不光是受众群体的附着力，也是对于公司现金流的考验。所以，并购短期绩效的考量具有应用上的现实意义。

从 20 世纪 80 年代起，就有大量的并购研究文献出现，主要分为两个大的方向，一个是并购的理论动机和并购的战略指导的理论和实证研究，另一个是关于并购绩效的研究，事件研究法和会计指标法都指向业绩比较，较有代表性的是 Ravenscraft 和 Scherer（1989）Herman 和 Lowenstein（1988）观察目标公司在并购前后的业绩表现，Radley、Palepu 和 Ruback（1992）在业绩计量方面采用经营现金流量报酬的概念而摒弃了可能受到人为操纵的会计数据等。国外的这些业绩研究的指标都和股票价格关联，意味着依赖于有效市场假说，而被普遍认同的中国证券市场至少不是强有效的结论，使国内研究主要倾向于并购前后公司业绩比较，陈信元和原红旗（1998），王宋涛、涂斌（2012），陆贵贤（2012）等使用了财务指标比较，刘文炳等（2009）也尝试着将平衡计分

① 林海波.传媒并购真的危险重重吗？——基于匹配倍差法的传媒业内并购绩效实证分析［J］.中国出版.2016（04）：3－6.

卡引入并购战略绩效的评价中，构建了财务、客户、内部流程、学习与成长四维度的企业并购战略绩效评价体系。

但是基于传媒业的特殊性而进行的并购绩效专门分析则很少，中国的传媒业有意识形态主导的功能，不能完全照搬国外的理论研究的成果，所以，重点关注国内研究的进展，庞万红（2009）在关于传媒上市公司盈利能力分析中，谈到了并购的作用，杨东星等（2013）在对于出版类上市公司情况的分析中提到了并购的作用，苏朝勃等（2012）则做了传媒并购动因分析，张娥（2009）在报刊退出的市场机制中提及了市场化并购的作用。而向志强等（2013）则从动机角度分析了董事会构成对于传媒类上市公司并购行为的影响。但是这些分析欠缺计量经济学意义上的严格实证，唯一值得注意的是，蔡丹苗（2012）做了传媒上市公司并购的绩效研究。

几乎所有的国内关于并购的实证文献使用的都是多元线性回归模型，或者在这个基础上结合因子分析来整合财务指标，其基本思想都是采取并购前后业绩比较法（仅有的传媒行业并购绩效的基于回归方法的研究中，使用的方法亦是如此，李善民等（2004）在并购分析中使用了配对分析，但是没有拆分出并购引起的变化程度），这种方法的问题是，无法辨别并购后公司的绩效的变化是否是由于并购因素造成的。没有一个令人信服的方法，拆分出并购而不是行业发展或者是其他因素带来的绩效变化（周世民等，2013），有人指出了绩效比对基准是并购绩效研究是否有效的关键（尹向东等，2006）。

另外，Weston（2014）认为并购可以产生经营协同、管理协同和财务协同三种效应，而这三种效应有很大的行业差异性。周绍妮、文海涛（2013）指出，基于行业特质性的并购研究是需要加强的方向。

本文的创新之处在于首次在并购绩效研究汇总使用匹配倍差法，并购是一个事件冲击，对于事件冲击的使用反事实的对比方法，即需要找出假设事件没有发生，则事物可能是什么样的发展轨迹，然后拿发生事件后的发展轨迹来比照没有发生事件的发展轨迹，两者之差，即是由于事件发生而产生的影响。这种方法的困难，在于不容易找到反事实。因为反事实是不存在的，但是，如果能够找到和发生事件的主体相近似的样本作为反事实的对照组，则发生事件的主体在事件发生后的情况，就可以和反事实的对照组的情况进行比较，其差异可以作为事件发生的影响。第二是基于倍差法考量并购业绩变化中经营协同和管理协同的效应，这在国内对于并购影响业绩机理的实证文献中，很少提及（陆瑶（2010）首次使用倍差法分析了并购对于上市公司的价值增加的作用)。

传媒并购呈现了逐渐增加并且加速增长的态势，其间一定有示范效应的作用，又由于传媒行业上市公司的经营协同和管理协同是业绩提升的重要基础。所以，需要实证检验并购业绩变化是否是由这两点决定的。

由此我们提出：

假设1：并购提升业务量；

假设2：并购短期内提高利润水平；

假设3：经营协同和管理协同的差异会显著影响传媒类公司并购绩效。

二、研究方法及思路设计

双重差分法（difference in difference method，DID）能够捕捉到处理组和参照组的特定行为在一个自然事件冲击前后的相对差异，这种相对差异反映了自然事件的实际效果。而且使用面板数据时，双重差分法还可以控制不可观察的固定效应，从而控制一部分内生性问题。其原理简单表达如下：假定发生传承家族企业和未发生传承家族企业为划定的对比组，研究思路是利用实验组（发生传承家族企业）在传承前后年份企业业绩指标变化，减去参照组（未发生传承的家族企业）在同时期（传承前后年份）业绩指标获得的变化，来识别并购带来的影响。考虑一下模型：

$$L_{it} = \alpha_{it} + \rho_{did}(P_i \times T_{it}) + r'X_{it} + e_{it} \tag{1}$$

其中，L_{it} 反映了企业 i 在时期 t 业绩指标的情况，α_{it} 控制了时间固定效应，$(P_i \times T_{it})$ 代表企业在 t 时期是否发生了并购。X_{it} 是一系列可能影响企业业绩变化的财务指标特征，e 代表残差。利用表1可以证明 ρ_{did} 正好等于 $(L_{11} - L_{10}) - (L_{01} - L_{00})$。

表1　　　　　　　　　　DID 法估计系数的解释

	传承前时期	传承后时期
发生并购企业	$L_{00} = \alpha_0 + \beta_0$	$L_{10} = \alpha_2 + \beta_0$
未发生并购企业	$L_{01} = \alpha_0 + \beta_1$	$L_{11} = \alpha_1 + \beta_1 + \rho_{did}$

这样，企业业绩变化面临的共同冲击就被消除，可以得到对 ρ_{did} 的一致估计。这种差分滞后再回归的好处是能够排除其他影响因素的干扰，而单独提炼出由于 $(P_i \times T_{it})$ 造成的冲击。

三、数据及变量

（一）数据来源及数据处理

截至 2014 年 12 月，沪深交易所上市传媒类公司 61 家，平面媒体类 15 家，互联信息服务类 12 家，移动互联服务 10 家，有限电视网络类 9 家，影视动漫类 8 家，广告营销类 7 家，但是随着并购的持续发生，起初的行业界限已经模糊。存在大量来自其他行业的跨界并购，并购方大部分可以归类为低利润的传统周期性行业，如林业、餐饮、快消食品、工程机械、煤炭有色和纺织服装等。2008—2012 年，传媒行业并购规模从 6.92 亿元增加到 247.67 亿元。并购成为常态。但是外行业收购对于母公司业绩的影响，由于缺乏可比性数据，不容易观测，所以不纳入本文的研究范围。我们把范围缩小在专业传媒公司对于传媒企业的并购业务上，考察在大行业定义下，细分行业间互相融合的业绩表现。

利用 Wind 数据库，选取 2008—2013 年传媒业内发生并购行为的公司 21 个作为执行组，未发生并购的家公司作为对照组。

（二）解释变量和解释变量

购并绩效研究还有一个难点，就是业绩的衡量指标，业绩指标的认定是一个具有争议的问题，方红、于成永（2012）认为学术界很难建立一个科学的并购绩效会计法评价体系。使用因子分子等方法，整合出一个单一指标，存在很多异议，所以我们还是使用通常的多指标分析，也适合本文提出的三个假设的判断，分别用主营业务收入、利润总额作为被解释变量。

解释变量为并购事件，总资产、销售费用等分别作为不同模型的控制变量。

考虑到多重共线性的问题，部分指标取对数。表 2 是基于原始数据的样本统计情况。

表 2   数据基本统计表   单位：万元

变量	样本量	均值	标准差	最小值	最大值
year				2009	2013
资产	320	348462.5	373274.2	7870.629	1694142
负债	320	126672.9	169725.6	309.1071	907578.6
股东权益	320	221789.6	228607.6	-19930.1	1051491

续表

变量	样本量	均值	标准差	最小值	最大值
year				2009	2013
主营业务利润	320	117275.2	139990.3	199.9007	1000337
主营业务成本	320	103769.9	128880.4	993.309	954019.5
销售利润	320	15538.35	19215.89	−54608.4	85774.37
利润总额	320	17440.63	20388.19	−56422.3	93594.31
资产周转率	320	1.023216	1.709804	0.46776	21.85993
销售费用率	320	1.023216	1.709804	0.46776	21.85993

　　倍差法的关键在于执行组和对照组的匹配度（指标同质性），由于样本较少，手动选择一对多匹配后使用匹配检验。匹配检验中的主因素使用资产和主营业务收入（年份使用同期配对匹配）。

　　匹配检验结果如下：两组企业的资产总额、主营业务收入、利润率方面不存在显著差异，即两组的规模上具有可比性，且都为 Winds 定义的三级分类中企业。匹配的标准偏差作为检验匹配合意的一个指标，没有一个公认的取值范围，但是 20 是目前被暂时认同的一个标准，从匹配的标准偏差观察，各项指标的偏差均不超过 20，所以认为配对估计可靠。

表 3　　　　　　　　　　倾向值匹配平衡检验

匹配变量 单位：万元	均值		标准偏差	T检验相伴概率值
	处理组企业	参照组企业		
资产	430000	460000	−9.3	0.923
销售额	150000	140000	4.9	0.956
股东权益利润率	0.08938	0.07894	2.9	0.923

　　这样就得到了在资产规模和主营业务收入方面匹配的执行组和对照组。

　　四、实证结果分析

　　基于式（1）构建了以利润增长，收入增长，每股收益和销售费用率为被解释变量的四组模型，实证结果如表 4 所示。

表 4　　　　　　　　　　　　　　并购引起绩效变化实证分析表

并购引起差异	基期			并购发生后			倍差
	发生并购企业	未发生并购企业	差异	发生并购企业	未发生并购企业	差异	
销售利润（对数）	8.864	9.421	0.557	8.721	9.898	1.177	0.619 *
							(1.96)
销售收入（对数）	11.164	10.754	0.41	11.723	10.754	0.968	0.559 *
							(1.69)
每股收益	0.086	0.033	0.053	0.103	0.104	−0.001	−0.055
							(−0.70)
销售费用	1.289	1.052	0.237	0.845	0.858	−0.014	−0.251
							(−0.60)

注：括号内为 t 值；＊代表 10% 的水平下显著。

我们的实证结论表明，首先，上市公司收购提升了并购买方短期的主营业务收入，说明传媒的整合提高了受众覆盖面，随之增加了主营业务收入。验证了假设 1 的成立。第二，并购提升了上市公司利润。但是并没有看出能够提升每股收益率，这个和大多数的关于并购绩效的研究结论不违背，Jensen 和 Rubac（1983），Andrade 等（2001），余光和杨荣（2000）实证分析发现了并购对于买方的负面影响，或者说主并公司不能获得显著正的超常收益，张新（2003）的研究得出了同样的结论。由于 2010—2013 年传媒类上市公司同业并购的 50% 以上发生在 2013 年，而我们的财务报表数据只录到 2014 年年报，所以，并购后的长期效应不能在实证中反映出来。

那么是什么原因使并购产生了不明确的业绩影响呢，是因为销售费用的增加，还是业务整合的困难，抑或是急速扩张的营销费用的增大？

并购整合的效果，可能来源于规模效应，也可能来自于强有力的行业经验，资产显然对于每股收益有着正向作用［本文实证中作为控制变量的资产对于每股收益的系数为 0.027，并通过 90% 的显著性检验（篇幅关系，没有列示）］，循着这样的线索，对于每股收益和销售费用进行分位数回归：结果如表 5 所示。

表 5　　　　　　　　　对于每股收益作为解释变量的分位数回归

因变量	每股收益								
分位数	0.9	0.8	0.7	0.6	0.5	0.4	0.3	0.2	0.1

续表

因变量	每股收益								
倍差	0.087 **	0.034	0.022	0.022	0.018	0.033 **	0.037 **	0.031 **	0.029 **
	(2.54)	(0.97)	(0.87)	(0.87)	(1.03)	(2.17)	(2.66)	(2.04)	(2.01)

注：括号内为 t 值；** 代表 5% 的水平下显著。

对于每股收益的分位数回归，得到的结论是，在每股收益高位（0.9）的企业，并购事件增加了并购后企业的每股收益，而在每股收益中高位的企业，影响却不清楚，但是到了收益率低（0.1—0.4）的企业，并购造成了收益率的上升，说明了并购的作用是积极的，这部分证明了假设 2 的成立，原来有中等收益率的企业，可能出于行业的瓶颈期，短期多业务的整合是难点，尽管同属传媒行业的业务，但是其中的专业化知识和人员的整合需要时间。面临传媒业激烈竞争，收益率提升具有一定的困难。

作为稳健性检验，也是分析收益率因为收购变化的原因，我们对于销售费用率作分位数回归（结果如表 6 所示）。

表 6　　　　　　　　对于销售费用率作为解释变量的分位数回归

因变量	销售费用率								
分位数	0.9	0.8	0.7	0.6	0.5	0.4	0.3	0.2	0.1
倍差	− 0.102 **	− 0.061 **	− 0.047 *	− 0.067 *	− 0.073 *	− 0.028	− 0.023	− 0.005	0.069
	(− 2.13)	(− 2.52)	(− 1.56)	(− 1.67)	(− 1.74)	(− 0.76)	(− 0.41)	(− 0.1)	(1.26)

注：括号内为 t 值；**、* 分别代表 5% 和 10% 的水平下显著。

发现并购对于原有较高的销售费用（0.5—0.9 分位数）的情况有了修正，而对于原有销售费用率不高的企业，则没有显著影响，说明并购起到了协同效应，使得积极营销活动伴随的高企销售费用得以降低。这证实了假设 3。原有的成功营销技能，可以使强者恒强，规模效应亦可以使得费用降低。所以，对购后的业绩要作用的不一定是资产的膨胀，在行业整合背后，实际是营销管理的复制和受众群的扩大。

五、结论和进一步的工作

近期传媒行业的并购主要呈现出若干特点：第一是市场化程度高，成长趋势强的影视广告及其他新媒体领域并购更显活跃；第二是由渠道而内容或者由内容而渠道的双向纵向并购活跃；第三是内容而引致的衍生产业发展迅速；第四是互联网和数字化升级，如收购卖座网，从而进入 O2O 平台，华闻收购掌视亿通，凤凰入股天翼阅读等；第五是国际化收购趋势，如华闻收购 PUBLI-CATIONS INTERENATIONAL，蓝色光标收购 WE ARE VERY SOCIAL LIMITED 等。

与并购的一般经验不同，中国传媒行业近年来的并购，大体有对于公司短期业绩正面的作用，多媒体的融合明显作用正向，最关键的因素不是资产，而是营销能力以及受众的争取。

对于并购是否能够促进公司的价值提升，直接影响立法和监管的价值取向。亦关系相关产业扶持政策的合理性，所以需要对于更多的样本进行更长时间的研究，2014 年传媒行业并购案个数高于 2010—2013 年四年合计的并购案例，一个更长时期的样本检验是进一步的工作。

参考文献：略

第9章
大型社会调查数据库的使用

　　社会调查是科学院就活动中经常采用的获取研究素材的研究方法之一，大型社会调查数据库的样本量一般都在几千到几万之间，是介于小样本数据和大数据分析的中间地带。对于这类数据的熟悉是以后向大数据分析和向学术研究发展的必由之路。对于非计算机专业学生而言，这类数据库的整理不需要太多的算法基础，但是也具有一定的挑战性。

9.1　常用数据库的介绍

　　目前北大调查中心设计并实施的 CFPS 项目和 CHARLS 项目，在设计理念和数据质量上都具有国际水平，项目数据对于深刻了解和研究变迁中的中国具有重大意义，随着追踪数据的积累，将会对学术研究和政策研究产生更深远的影响。

　　北大调查中心开展和实施中国家庭跟踪调查项目引起了国内高校的争相效仿，国内高校陆续成立了类似的调查机构，涉及和开展各自的调查项目。这些调查机构都通过各自的渠道向社会政府等部门争取资源，寻求帮助，由于竞争格局的压力，也迫使各个调查机构在调查技术和方法上不断提高。一系列旨在开展系统性社会调查来收集各类数据的调查机构在国内的兴起，建立了中国社区、家庭、个人层面的微观数据库，分别有北大中国社会科学调查中心，中山大学社会科学调查中心、中国人民大学中国调查与数据中心、清华大学中国经济社会数据中心、上海大学上海科学调查中心、西南财经大学中国家庭金融调查与研究中心、复旦大学社会科学数据研究中心、中国社科院调查与数据信息中心等。

9.1.1　中国家庭追踪调查数据 CFPS

执行机构：北京大学中国社会科学调查中心数据

网址：http：//www. isss. edu. cn/cfps/

中国家庭追踪调查（CFPS）重点关注中国居民的经济与非经济福利，以及包括经济活动、教育成果、家庭关系与家庭动态、人口迁移、健康等在内的诸多研究主题，是一项全国性、大规模、多学科的社会跟踪调查项目。CFPS 样本覆盖 25 个省/市/自治区，目标样本规模为 16000 户，调查对象包含样本家户中的全部家庭成员。CFPS 在 2008 年、2009 年两年在北京市、上海市、广东省三个省市分别开展了初访与追访的测试调查，并于 2010 年正式开展访问。经 2010 年基线调查界定出来的所有基线家庭成员及其今后的血缘/领养子女将作为 CFPS 的基因成员，成为永久追踪对象。

开放数据年份：2008 年、2009 年（测试性调查，北京市、上海市、广东省）；2010 年（基线调查）；2011 年（维护调查）；2012 年以后每年一次跟踪调查。最新公开数据：CFPS2016 年（追访）调查数据。

数据类型：面板数据

分析单位与调查规模：社区、家庭、个人（成人、少儿）；基线调查为 16000 户。CFPS 调查问卷共有社区问卷、家庭问卷、成人问卷和少儿问卷四种主体问卷类型，并在此基础上不断发展出针对不同性质家庭成员的长问卷、短问卷、代答问卷、电访问卷等多种问卷类型。

覆盖区域：中国 25 个省市自治区，2010 年在全国（西藏自治区、青海省、新疆维吾尔自治区、宁夏回族自治区、内蒙古自治区、海南省、中国香港、中国澳门、中国台湾不在其列）正式实施。

核心问题：中国社会、经济、人口、教育和健康的变迁

应用主题：人口健康分析、劳动就业分析、消费储蓄分析、空间规划分析、质量管理

主要调查项目：

家庭：生活条件、家户各类收入与支出、住房、金融资产等

成人：基本信息、教育、婚姻、工作、健康、退休与养老、认知、宗教等

少儿：基本信息、日常生活、健康、教育、培训辅导、认知能力等

其中，村/居问卷的调查内容包括：村/居基础设施概况、人口和劳动力资源概况、自身及周边环境、基层选举、财政收入与支出，以及日常消费品价格等。

家庭问卷的调查内容包括：家庭成员结构、日常生活基本设施、社会交往、住房、家庭经济、农业生产与销售等。

成人问卷的调查内容包括：教育、婚姻、职业、日常生活、健康、养老、社会保障、社会交往、价值观以及基准测试等。

少儿问卷的调查内容包括：学业情况、日常生活、健康、职业期望、与父母关系、成长环境、社会交往、价值观，以及基准测试等。

9.1.2　中国健康与养老追踪调查（CHARLS）

执行机构：北京大学中国社会科学调查中心数据

网址：http://charls.pku.edu.cn/zh–CN

开放数据年份：2008 年、2012 年（两省），2011 年、2013 年、2014 年（全国），2015 年、2018 年。

2011 年（基线调查）；以后每两年追踪一次，调查结束 1 年后，数据对外界公开。2013 年（追踪调查）；2014 年（"中国中老年生命历程调查"专项）；2015 年；最新公开数据：2018 年 CHARLS 全国追踪调查数据。

数据类型：面板数据

分析单位：个人、家庭

覆盖区域：基线调查在全国 28 个省市自治区的 150 个县区的 450 个村、居展开。浙江省、甘肃省（2008 年、2012 年），中国 28 个省市自治区（2011 年、2013 年、2014 年）

核心问题：我国人口老龄化问题

应用主题：人口健康分析、消费储蓄分析

分析单位与调查规模：家户、个人（45 岁及以上）；2015 年全国追访时，其样本已覆盖总计 1.24 万户家庭中的 2.3 万名受访者。

主要调查项目：个人基本信息，家庭结构和经济支持，健康状况，体格测量，医疗服务利用和医疗保险，工作、退休和养老金、收入、消费、资产，以及社区基本情况等。

研究主题：人口老龄化问题、劳动经济学（婚姻、彩礼等）、社会保障、人口经济学、卫生经济学等。

9.1.3　中国劳动力动态调查数据 CLDS

执行机构：中山大学社会科学调查中心

数据网址：http：//css. sysu. edu. cn/Data

http：//cus. sysu. edu. cn/sjku. asp？id = 887

开放数据年份：2011 年、2012 年、2014 年

数据类型：面板数据

分析单位与调查规模：社区、家庭、劳动；调查对象为样本家庭户中的全部劳动力（年龄 15—64 岁的家庭成员）。

覆盖区域：中国 29 个省市自治区（港澳台、西藏自治区、海南省除外）

核心问题：系统地监测社区社会结构和家庭、劳动力个体的变化与相互影响

应用主题：人口健康分析、劳动就业分析、消费储蓄分析、空间规划分析

9.1.4　中国综合社会调查数据 CGSS

中国综合社会调查（Chinese General Social Survey，CGSS）始于 2003 年，是我国最早的全国性、综合性、连续性学术调查项目。CGSS 系统、全面地收集社会、社区、家庭、个人多个层次的数据，总结社会变迁的趋势，探讨具有重大科学和现实意义的议题，推动国内科学研究的开放与共享，为国际比较研究提供数据资料，充当多学科的经济与社会数据采集平台。目前，CGSS 数据已成为研究中国社会最主要的数据来源，广泛地应用于科研、教学、政府决策之中。

2003—2008 年是 CGSS 项目的第一期，共完成 5 次年度调查（2007 年没有执行），生产出 5 套高质量的年度数据。除 2004 年的调查数据外，其余的年度数据都已在中国国家调查数据库（China National Survey Data Archive，CNS-DA）的网站（cnsda. ruc. edu. cn）上发布，到目前为止，用户可免费申请使用。

执行机构：中国人民大学中国调查与数据中心

数据网址：http：//www. cnsda. org/index. php？r = site/datarecommendation

开放数据年份：2003 年、2005 年、2006 年、2008 年、2010 年、2011 年、2012 年、2013 年

时间跨度：分两期，第一期：2003—2008 年，每年一次；第二期：2010—2019 年，每两年一次。最新公开数据：CGSS2013。

数据类型：截面数据

分析单位：个人、家庭

覆盖区域：中国 28 个省市自治区

核心问题：中国社会变迁（文化、健康、家庭、劳动力、就业、消费、教育、心理、个性等）

应用主题：人口健康分析、劳动就业分析、消费储蓄分析、空间规划分析社会流动、幸福感、社会信任、教育回报、宗教信仰、政治参与等。

9.1.5　中国家庭金融调查数据 CHFS

执行机构：西南财经大学

数据网址：http://chfs.swufe.edu.cn/

开放数据年份：2011 年开始首轮调查，每两年进行一次追踪调查。目前可利用数据 CHFS2011、CHFS2013、CHFS2015

数据类型：截面数据

分析单位：家庭

覆盖区域：25 个省市自治区（2011），29 个省市自治区（2013）

以 CFPS2013 为例，除追访 2011 年访问的 8438 户家庭、29000 个个体外，样本进行首次扩展，最终共计调查来自全国 29 个省（市、自治区）（新疆维吾尔自治区、西藏自治区、港澳台除外）262 个县区的 28241 个家庭，93000 个个体

核心问题：家庭金融状况、收入支出、社会保障、商业保险等

应用主题：人口健康分析、劳动就业分析、消费储蓄分析、金融与投资分析

9.2　社会调查数据库的学习和处理

　　这里以中国老年健康追踪调查数据为例，进行一些基本的操作，在操作的过程中，建立起对这类数据库的初步认识。

　　中国健康与养老追踪调查（China Health and Retirement Longitudinal Study，CHARLS）旨在收集一套代表中国 45 岁及以上中老年人家庭和个人的高质量微观数据，用以分析我国人口老龄化问题，推动老龄化问题的跨学科研究。CHARLS 全国基线调查于 2011 年开展，覆盖 150 个县级单位，450 个村级单位，约 1 万户家庭中的 1.7 万人。

　　中国健康与养老追踪调查和美国健康与退休调查（HRS）、英国老年追踪调查（ELSA）以及欧洲的健康、老年与退休调查（SHARE）等数据库有以下共同点：第一，将详细的社会经济数据与高质量的身体、心理健康状况（包括认知）数据结合起来；第二，对所有被访者都定期追踪访问，观察其生命历程的变化，而且访问对象包括退休前的中年人群；第三，配套提供完整的数据指南，去掉受访者隐私信息后的数据无偿、快速提供给学术界使用。

　　CHALRS 于 2011 年和 2012 年在全国进行了大规模基线调查。这是具有全国代表性的随机抽样调查，覆盖了不包括西藏自治区和港澳台在内的中国所有县级单位。样本包括了 150 个县级单位（散布在全国 28 个省区），450 个村级单位，10257 户适龄家户中的一个至少年满 45 岁的人，包括其配偶，共 17708 人。

　　CHARLS 主体调查问卷与包括美国 HRS 在内的世界各国老龄化系列调查的问卷一致，家户问卷包括以下内容：基本信息；家庭结构及亲属间在金钱、时间方面的转移支付；健康状况、身体功能限制和认知能力；医疗保健与保险；工作、退休、养老；收入、支出以及资产情况。此外，家户问卷还包括正式调查前的过滤问卷和调查后由调查员自行填写的住房情况和调查员观察部分。其中，过滤问卷是调查开始的准备条件，用于判断备选户是否符合调查条件。

　　依据不同的主题模块，CHARLS 的数据也分成了若干表格。具体如图

9 – 1 所示 charls15 年数据文件展示图。

1Demographic_Background.dta	2017/5/31 23:14	DTA 文件	3,143 KB
2Family_Information.dta	2017/10/11 19:57	DTA 文件	34,582 KB
3Family_Transfer.dta	2017/10/11 19:57	DTA 文件	18,102 KB
4Health_Status_and_Functioning.dta	2017/10/11 19:57	DTA 文件	28,024 KB
5Health_Care_and_Insurance.dta	2019/4/22 17:07	DTA 文件	23,029 KB
6Work_Retirement_and_Pension.dta	2017/5/31 23:16	DTA 文件	32,752 KB
7Household_Income.dta	2017/5/31 23:16	DTA 文件	33,236 KB
8Individual_Income.dta	2017/5/31 23:16	DTA 文件	8,985 KB
9Housing_Characteristics.dta	2017/5/31 23:17	DTA 文件	925 KB
10Biomarker.dta	2017/5/31 23:17	DTA 文件	6,971 KB
11Blood.dta	2019/6/20 15:21	DTA 文件	1,730 KB
12Weights.dta	2017/5/31 23:11	DTA 文件	1,219 KB
13Sample_Infor.dta	2017/5/31 23:11	DTA 文件	967 KB
14Household_Member.dta	2017/10/11 19:57	DTA 文件	1,360 KB
15Parent.dta	2017/10/11 19:57	DTA 文件	4,147 KB
16Child.dta	2017/10/11 19:57	DTA 文件	3,220 KB
17Sibling.dta	2017/10/11 19:57	DTA 文件	2,816 KB
18Spousal_Sibling.dta	2017/10/11 19:57	DTA 文件	2,213 KB

图 9 – 1　charls15 年数据文件展示图

9.2.1　合并

通常在使用中，需要挑选这些表格中的一部分进行合并使用，所以第一个问题就是表格的合并。首先，是横向合并，就是把各个主题模块合并起来。其次，如果要进行基于面板数据（既有时间序列又有截面数据）的研究，就需要用到纵向合并。这里以横向合并为例进行说明。

下面做了一个全部表格的合并，具体 Stata 执行命令如下：

cd D：\ Stata16 \ ado \ personal \ 15 年数据 \ / * 设置路径 * /

unicode analyze *

unicode encoding set gb18030

　　unicode translate PSU. dta

cd D：\ Stata16 \ ado \ personal \ 15 年数据 \ / * 设置路径 * /

use " D：\ Stata16 \ ado \ personal \ 15 年数据 \ PSU. dta"

destring communityID areatype，replace force/ * 或者把字符串改成长整型 * /

save " PSU. dta"，replace

　　clear

use 1Demographic_ Background. dta

destring ID householdID communityID　，replace force

save " 1Demographic_ Background. dta"，replace

```
clear

use 2Family_ Information. dta

destring ID householdID communityID  , replace force

save " 2Family_ Information. dta" , replace

clear

use 3Family_ Transfer. dta

destring ID householdID communityID  , replace force

save " 3Family_ Transfer. dta" , replace

clear

use 4Health_ Status_ and_ Functioning. dta

destring ID householdID communityID  , replace force

save " 4Health_ Status_ and_ Functioning. dta" , replace

clear

use 5Health_ Care_ and_ Insurance. dta

destring ID householdID communityID  , replace force

save " 5Health_ Care_ and_ Insurance. dta" , replace

clear

use 6Work_ Retirement_ and_ Pension. dta

destring ID householdID communityID  , replace force

save " 6Work_ Retirement_ and_ Pension. dta" , replace

clear

use 7Household_ Income. dta

destring ID householdID communityID  , replace force

save " 7Household_ Income. dta" , replace

clear

use 8Individual_ Income. dta

destring ID householdID communityID  , replace force

save " 8Individual_ Income. dta" , replace

clear

use 9Housing_ Characteristics. dta

destring ID householdID communityID  , replace force

save " 9Housing_ Characteristics. dta" , replace
```

```
clear
use 10Biomarker. dta
destring ID householdID communityID   , replace force
save "  10Biomarker. dta" , replace
clear
use 11Blood. dta
destring ID householdID communityID   , replace force
save "  11Blood. dta" , replace
clear
use 12Weights. dta
destring ID householdID communityID   , replace force
save "  12Weights. dta" , replace
clear
use 13Sample_ Infor. dta
destring ID householdID communityID   , replace force
save "  13Sample_ Infor. dta" , replace
clear
use 14Household_ Member. dta
destring ID householdID communityID   , replace force
save "  14Household_ Member. dta" , replace
clear
use 15Parent. dta
destring ID householdID communityID   , replace force
save "  15Parent. dta" , replace
clear
use 16Child. dta
destring ID householdID communityID   , replace force
save "  16Child. dta" , replace
clear
use 17Sibling. dta
destring ID householdID communityID   , replace force
save "  17Sibling. dta" , replace
```

```
clear
use 18Spousal_ Sibling. dta
destring ID householdID communityID　, replace force
save " 18Spousal_ Sibling. dta" , replace
clear
use 1Demographic_ Background. dta
merge 1：1 ID using 4Health_ Status_ and_ Functioning. dta
keep if _ merge = =3
drop _ merge
    merge 1：1 ID using 5Health_ Care_ and_ Insurance. dta
keep if _ merge = =3
drop _ merge
    merge 1：1 ID using 6Work_ Retirement_ and_ Pension. dta
keep if _ merge = =3
drop _ merge
merge m：1householdID using 7Household_ Income. dta
keep if _ merge = =3
drop _ merge
merge 1：1 ID using 8Individual_ Income. dta
keep if _ merge = =3
drop _ merge
merge m：1householdID using 9Housing_ Characteristics. dta
keep if _ merge = =3
drop _ merge
merge 1：1 ID using 10Biomarker. dta
keep if _ merge = =3
drop _ merge
merge 1：1 ID using 11Blood. dta
keep if _ merge = =3
drop _ merge
save " D：\ Stata16 \ ado \ personal \ 15 年数据 \ 1120merge. dta" , re-
place
```

```
clear
use PSU
merge 1：mcommunityID using 1120merge. dta，force
keep if _ merge = =3
drop _ merge
save " C：\ Users \ Administrator \ Desktop \ 1120merge. dta"，replace
```

这样就完成了合并，之所以把所有看似重复的 merge 语句都列举出来，因为其中的 n：m 选项需要小心，例如，第一个文件中的每户调查了 n 个人，但是第二个文件每户就调查了一个人。也就是说，第一个文件中相同的 household-dID 出现了 n 次，而第二个文件中的 householdID 就没有重复出现的，那么如果用 householdID 作为合并变量的话，就需要使用 1：m。注意，这里没有使用 weight. dta 文件。

9.2.2　归类

合并完成，我们还将把一些特征做一个整理，举例如下：

如我们要计算一个养老金的均值，作为使用 ArcGIS 填充非地理数据的例子。

bysort province：egen means = mean （phyac2）／∗以省份分组求养老金的均值∗／

bysort province city：egen meanur = mean （phyac2）／∗以省份，城市分组求各自样本养老金的均值∗／

. rename urban_ nbs ur

. bysort city ur：egen meanur2 = mean （phyac2）／∗各城市中城市与农村样本养老金求均值∗／

keep communityID province city areatype ID householdID phyac1 phyac2 ur mean

meanur meanur2／∗保存需要的变量∗／

. duplicates dropcommunityID，force／∗删除社区 ID 重复的样本∗／

另外，也可以做一些体力活动，社会参与活动等的归类工作，这类归类工作做得比较完整和有说服力，结合第 10 章的结构方程模型或者其他模型分析，举例如下：

/＊运动类：包括走路攀岩等＋跳舞＊/

recode da054_ 3_ （. ＝0），gen（sports1）/＊没有数值的为 0 ＊/

recode da055_ 3_ （. ＝0）（1 ＝3）（2 ＝4），gen（sports2）/＊把没有数值的为 0，小于 4 小时的为 1，大于 4 小时的为 2 ＊/

gen sports4 ＝sports1 ＋sports2/＊将每天走路的运动时间加总＊/

recode da052_ 3_ （. ＝0），gen（sports3）/＊没有数值的为 0 ＊/

gen sports5 ＝sports3 ＊sports4/＊计算每周走路的小时数＊/

recode da057_ 4_ （. ＝0）（1 ＝10）（2 ＝3）（3 ＝1），gen（dance）/＊将跳舞以周为单位计算时间，没有数值的为 0，几乎每天为 10，几乎每周为 3，不经常为 1 ＊/

gen sports ＝sports5 ＋dance/＊将各种运动类时间加总＊/

tab sports/＊以表格的形式呈现运动类的数据＊/

/＊社交活动：分为娱乐、学习培训、志愿活动、上网　四类＊/

recode da057_ 1_ （. ＝0）（1 ＝10）（2 ＝3）（3 ＝1），gen（chuanmen）/＊将串门以周为单位计算时间，没有数值的为 0，几乎每天为 10，几乎每周为 3，不经常为 1，以下活动等同＊/

recode da057_ 2_ （. ＝0）（1 ＝10）（2 ＝3）（3 ＝1），gen（dapai）/＊将打牌以周计算时间＊/

recode da057_ 3_ （. ＝0）（1 ＝10）（2 ＝3）（3 ＝1），gen（bangzhu）/＊将提供帮助以周为单位计算时间＊/

recode da057_ 5_ （. ＝0）（1 ＝10）（2 ＝3）（3 ＝1），gen（shetuan）/＊将社团活动以周为单位计算时间＊/

recode da057_ 6_ （. ＝0）（1 ＝10）（2 ＝3）（3 ＝1），gen（zhiyuan）/＊将志愿活动以周为单位计算时间＊/

recode da057_ 7_ （. ＝0）（1 ＝10）（2 ＝3）（3 ＝1），gen（zhaogu）/＊将照顾病人活动以周为单位计算时间＊/

recode da057_ 8_ （. ＝0）（1 ＝10）（2 ＝3）（3 ＝1），gen（peixun）/＊将参加培训活动以周为单位计算时间＊/

recode da057_ 9_ （. ＝0）（1 ＝10）（2 ＝3）（3 ＝1），gen（chaogu）/＊将炒股以周为单位计算时间＊/

recode da057_ 10_ （. ＝0）（1 ＝10）（2 ＝3）（3 ＝1），gen（shangwang）／＊将上网活动类以周为单位计算时间＊／

recode da072（.＝0）（1＝1）（2＝2）（3＝4）（4＝8）（5＝16）（6＝28）（7＝50）（8＝60），gen（drink1）／＊将喝烈酒换算成每周的活动小时为计算单位，每月1次为1h，2—3为2h；每周一次4h，2—3次为8h，4—6次为16h；每天一次为28h，2次为50h，超过2次为60h，没有数值为0，以下酒类等同＊／

recode da074（.＝0）（1＝1）（2＝2）（3＝4）（4＝8）（5＝16）（6＝28）（7＝50）（8＝60），gen（drink2）／＊将喝啤酒换算成每周的活动小时为计算单位＊／

recode da076（.＝0）（1＝1）（2＝2）（3＝4）（4＝8）（5＝16）（6＝28）（7＝50）（8＝60），gen（drink3）／＊将喝米酒换算成每周的活动小时为计算单位＊／

gen drink＝drink1＋drink2＋drink3／＊将各种酒类每周活动时间加总＊／

gen play＝chuanmen＋dapai＋shetuan＋drink／＊将各种娱乐类活动每周活动时间加总＊／

gen study＝peixun／＊将各种参加学习培训类活动每周活动时间加总＊／

gen volunteer＝bangzhu＋zhiyuan＋zhaogu／＊将志愿类活动每周活动时间加总＊／

gen online＝chaogu＋shangwang／＊将上网类每周活动时间加总＊／

附录：其他主要数据库介绍

1. 上海大学大学生成长跟踪调查项目

上海大学上海社会科学调查中心是一个为上海大学人文社会科学各学科教学和科研服务的公共学术机构，同时也是一个为上海和国家经济社会发展提供决策咨询的公共服务平台。

数据网址： http：//cms. shu. edu. cn/Default. aspx？ tabid＝16916

2. 中国工业企业数据库

中国工业企业数据库的统计范围是中国大陆地区销售额500万元以上

（2011 年起为 2000 万元以上）的工业企业，即包括国有企业、集体企业、股份合作企业、联营企业、有限责任公司、股份有限公司、私营企业、其他内资企业、港澳台商投资企业、外商投资企业。统计变量包括企业基本情况、企业财务情况、企业生产销售情况。工业的统计口径包括"采掘业""制造业""电力燃气及水的生产与供应业"三个门类，涵盖中国工业制造业 40 多个大产业、90 多个中类、600 多个子行业。

数据名称： 中国工业企业数据库 ChinaIndustry Business Performance Data

执行机构： 国家统计局

开放数据年份： 1998—2015

调查方式： 下级企业单位按时报送

采用计算机辅助调查：是

数据类型： 面板数据

抽样方式： 根据国家统计局拟订的工业企业报表制度抽样

覆盖省份： 中国（除港澳台外）销售额 500 万元/RMB 以上的大中型制造企业

分析单位： 企业

主要指标： 企业的基本情况：法人代码、企业名称、法人代表、联系电话、邮政编码、具体地址、所属行业、注册类型、隶属关系、开业年份和职工人数等指标。企业的财务数据：流通资产、应收账款、长期投资、固定投资、累计折旧、无形资产、流动负债、长期负债、实收资本、主营业务收入、主营业务成本、营业费用、管理费用、财务费用、营业利润、利税总额、广告费、研究开发费、工资总额、福利费总额、增值税、工业中间投入、工业总产值和出口交货值等指标

核心问题： 全国最为详细、所用最为广泛的微观数据库，主要研究工业企业的相关问题

特点： 中国工业企业数据库的特点是，统计指标比较多，统计范围比较全，分类目录比较细，准确程度要求高。由各省、自治区、直辖市统计局和国务院各有关部门报送给国家统计局

具体内容： 数据内容中的工业统计指标包括工业增加值、工业总产值、工业销售产值等主要技术经济指标以及主要财务成本指标和从业人员、工资总额等

数据网址： http：//cms. shu. edu. cn/Default. aspx？tabid＝16916

3. 海关数据库

海关数据就是海关履行进出口贸易统计职能中产生的各项进出口统计数据。海关统计的任务是对进出口货物进行统计调查、统计分析和统计监督，进行进出口监测预警，编制、管理和公布海关统计资料，提供统计服务。数据具体到各企业、各海关口岸的商品具体进出口情况。主要指标：海关数据库主要指标有 HS 编码、商品名称、金额、数量、单价、产销国、海关口岸、贸易方式、运输方式、中转国、企业编码、企业名称、企业性质、收发货地，等等。

数据名称： 海关数据

执行机构： 中国海关

开放数据年份： 1994—2016 年

调查方式： 企业申报

采用计算机辅助调查： 是

数据类型： 面板数据

抽样方式： 企业主动上报汇总

覆盖省份： 全国各种类型进出口企业汇报

分析单位： 企业

核心问题： 主要是海关履行进出口贸易统计职能中产生的各项进出口统计数据，专注企业进出口情况

具体内容： 数据具体到各企业、各海关口岸的商品具体进出口情况

主要指标： 海关数据库主要指标有 HS 编码、商品名称、金额、数量、单价、产销国、海关口岸、贸易方式、运输方式、中转国、企业编码、企业名称、企业性质、收发货地，等等

4. 中国私营企业调查

数据名称： 中国私营企业调查 ChinesePrivate Enterprise Survey

执行机构： 中国社会科学院私营企业主群体研究中心

开放数据年份： 1993 年、1995 年、1997 年、2000 年、2002 年、2004 年、2006 年、2008 年、2010 年、2012 年、2014 年

调查方式： 抽样调查

采用计算机辅助调查： 否

数据类型： 截面数据

抽样方式： 在全国范围内按一定比例（0.05% 左右，每次的比例略有差

别）进行多阶段抽样

覆盖省份：针对中国 31 个省、自治区、直辖市（除港澳台外）203 万户私营企业和企业主

分析单位：私营企业和企业主

核心问题：针对私营企业和私营企业主的综合状况进行调查，内容详细，关注和研究我国私营企业发展

具体内容：本调查是目前国内关于私营企业的全国性调查中对于私营企业主个人特征，尤其是社会和政治特征的调查最为集中的一项，且运用全面、系统、翔实的调查数据，对私营经济与私营企业主阶层的成长过程做了记录

代表文章：政治资本、人力资本与行政垄断行业进入——基于中国私营企业调查的实证研究［J］．中国工业经济，2012 年 9 期

网站链接：http：//finance．sina．com．cn/nz/pr/

5. 世界银行中国企业调查数据

数据名称：企业调查数据 Enterprise Surveys Data

执行机构：世界银行

开放数据年份：2002 年、2003 年、2005 年、2012 年

调查方式：抽样调查、面对面调查

采用计算机辅助调查：否

数据类型：截面数据

抽样方式：主要针对一些国家的非农企业进行抽样调查，调查样本根据企业注册域名采用分层随机抽样的方法获取

覆盖范围：中国大陆

分析单位：企业

核心问题：主要关注一个国家的商业环境变化以及公司效率和性能特征

具体内容：以 2012 年的数据为例，调查涉及企业位于大连市、北京市、石家庄市、郑州市、深圳市、成都市等 25 个城市，涵盖中国东、中、西三大区域；调查对象为企业总经理、人力资源经理、会计师或者其他职员。调查涉及食品制造业、纺织业、服装业、基本金属制造业、电子工业、交通设备制造业等 20 多个行业；调查内容包括企业基本信息、城市基础设施和公共服务、销售和供货、市场竞争程度、用地和行政许可、创新和技术、融资、政商关系、用工、商业环境及企业绩效等多个方面

代表文章：吕铁，王海成．劳动力市场管制对企业技术创新的影响——基于世界银行中国企业调查数据的分析［J］．中国人口科学，2015（4）．

网站链接：http：//www. enterprisesurveys. org/data

6. 中国专利数据库

数据名称：中国专利数据库

执行机构：国家知识产权局和中国专利信息中心

开放数据年份：1985—2015 年

调查方式：企业申报

采用计算机辅助调查：是

数据类型：面板数据

抽样方式：企业主动上报汇总

覆盖省份：全国各种类型企业专利申请

分析单位：企业

核心问题：准确地反映中国最新的专利发明

具体内容：该系统收录了中国自 1985 年实施专利制度以来的全部中国专利数据，具有较高的权威性，网上数据每周更新一次，是国内最好的专利数据库检索系统之一

代表文章：庄涛，吴洪．基于专利数据的我国官产学研三螺旋测度研究——兼论政府在产学研合作中的作用［J］．管理世界，2013（8）．

网站链接：http：//new. ccerdata. cn/Home/Special#h3

　　　　　　http：//202. 107. 204. 54：8080/cnipr/main. do？ method = goto-Main

7. 农村经济研究中心农村固定观察点

数据名称：农村经济研究中心农村固定观察点数据

执行机构：农业部农村经济研究中心

开放数据年份：不开放，需申请

调查方式：固定点观察

采用计算机辅助调查：否

数据类型：追踪调查

抽样方式：内部统计制度，1990 年由国家统计局正式批准

覆盖省份： 目前有调查农户 23000 户，调查村 360 个行政村，样本分布在全国除港澳台外的 31 个省、自治区、直辖市

分析单位： 农户

核心问题： 通过观察点对农村社会经济进行长期的连续调查，掌握生产力、生产关系和上层建筑领域的变化，了解不同村庄和农户的动态、要求，从而取得系统周密的资料

具体内容： 其主要工作是：一是常规调查，每年底按统一口径全面收集所有样本村、户数据，二是专题调查，根据上级领导的指示及有关部门的安排，针对农村发展、农业生产和农户生产生活中的焦点、重点问题，每年开展多项专题调查，三是动态反映，省、县两级调查机构及时反映当地农村中出现的新情况和新问题

代表文章： 林本喜，邓衡山. 农业劳动力老龄化对土地利用效率影响的实证分析——基于浙江省农村固定观察点数据 [J]. 中国农村经济，2012 年 04 期

网站链接：http://www.moa.gov.cn/sydw/ncjjzx/gcdgzdt/gzdtg/201302/t20130225_3225848.htm

8. 中国家庭收入调查（CHIPS）

数据名称： 中国家庭收入调查 China Household IncomeProjects

执行机构： 北京师范大学

开放数据年份： 1988 年、1995 年、2002 年、2007 年

调查方式： 面访

采用计算机辅助调查： 否

数据类型： 截面数据

抽样方式： 国家统计局城乡居民收入调查的样本

覆盖省份： 19 个省（1995）；22 个省（2002）

受访者： 抽中家庭户中全部 18 岁以上人员

分析单位： 个人/家庭

核心问题： 收入水平

具体内容： 收入、消费、就业、生产等方面

代表文章： 赵西亮，梁文泉，李实. 房价上涨能够解释中国城镇居民高储蓄率吗？——基于 CHIP 微观数据的实证分析 [J]. 经济学（季刊），2014

（1）：81 - 102.

网站链接：http：//www.ciidbnu.org/chip

9. 中国城乡流动数据库（RUMIC）

数据名称：中国城乡流动数据库（RUMIC）Rural - Urban Migration in China

执行机构：澳大利亚国立大学、北京师范大学

开放数据年份：2008 年、2009 年

调查方式：面访

采用计算机辅助调查：是

数据类型：追踪数据

覆盖省份：本项目主要在人口流出或流入的大省进行调查。其中，农村住户调查是在以下 9 个省（直辖市）进行：安徽省、重庆市、广东省、河北省、河南省、湖北省、江苏省、四川省、浙江省；城市流动人口调查是在以下 15 个城市进行：蚌埠市、成都市、重庆市、东莞市、广州市、合肥市、杭州市、洛阳市、南京市、宁波市、上海市、深圳市、武汉市、无锡市、郑州市。城镇住户调查是在 19 个城市进行，包括城市流动人口调查以外的四个城市：安阳市、建德市、乐山市、绵阳市。

分析单位：个人/家庭

核心问题：人口流动的福利问题

具体内容：调查问卷涉及个人和家庭层面的信息，如家庭构成、成人教育、成人就业、家庭资产等

代表文章：温兴祥. 城镇化进程中外来居民和本地居民的收入差距问题[J]. 人口研究，2014（2）：61 - 70

网站链接：https：//www.iza.org/organization/idsc？page = 27&id = 58

10. 中国城镇住户调查数据（UHS）

数据名称：中国城镇住户调查数据（UHS）Urban Household Survey

执行机构：国家统计局

开放数据年份：不开放

调查方式：面访

采用计算机辅助调查：否

数据类型：追踪数据

覆盖省份：现在大家使用的是 6 个省份的数据（北京市、广东省、浙江省、辽宁省、陕西省、四川省）。每年大约有 3500—4000 户的数据

分析单位：个人/家庭

核心问题：这是现有的最全的全国范围的微观变量数据，主要研究教育回报率、收入不平等、家庭消费、家庭金融等问题

具体内容：调查主要包含个人和家庭层次的变量。如与户主关系，性别、年龄、家庭总收入、家庭消费等

代表文章：谢洁玉，吴斌珍，李宏彬，郑思齐．中国城市房价与居民消费［J］．金融研究，2012（6）：13－27

11. 中国老年健康影响因素跟踪调查（CLHLS）

数据名称：中国老年健康影响因素跟踪调查（CLHLS）Chinese Longitudinal Healthy Longevity Survey

执行机构：北京大学

开放数据年份：1998—2012 年

调查方式：面访

采用计算机辅助调查：否

数据类型：追踪数据

覆盖省份：CLHLS 基线调查和跟踪调查涵盖了中国的 23 个省份。涵盖区域总人口在 1998 年基线调查时 9.85 亿，在 2010 年总人口为 11.56 亿，大约占全国总人数的 85%。我们在 22 个调研省份（不包括海南省）中随机选择大约一半的市/县作为调研点进行调查

分析单位：个人

核心问题：本项目的研究目标旨在更好地理解影响人类健康长寿的社会、行为、环境与生物学因素，为科学研究、老龄工作与卫生健康政策信息依据填补空白

具体内容：主要搜集老人死亡年月、死因、死前健康与生活自理能力等信息。在 2008 年调查中，我们还从大约 14000 位年龄在 40—110 岁的自愿受访者中收集了唾液 DNA 样本，在 2009 年和 2012 年的 8 个健康长寿典型调研地区的调研中，我们采集了约 4800 位被访者的血液和尿样样本。另外，在 1998 年的基线调查中，我们搜集了 4116 名 80＋岁高龄老人的指尖血样样本

代表文章：顾和军，刘云平．教育和培训对中国城镇劳动力就业的影响

——基于 CLHLS 数据的经验研究 [J]. 人口与经济，2013（1）

　　网站链接：http：//web5. pku. edu. cn/ageing/html/datadownload. html

　　12. 中国人口普查（抽样调查）（Census）

　　时间跨度：1990 年、2000 年全国人口普查数据和 2005 年全国 1% 人口抽样调查数据

　　调查区域：全国

　　分析单位与调查规模：家庭、个人；1999 年和 2000 年数据为全国人口的 1% 随机子样本，2005 年数据是全国 1% 人口抽样调查数据的随机再抽样，占全国总人口的 0.2%

　　主要调查项目：个人层次变量：人口学特征、就业、教育、迁移等。家庭层次变量：家庭特征、住房、生育、生活条件等

　　研究主题：计划生育效果、劳动力迁移、人口老龄化、留守老人与儿童、房地产价格等

　　13. 中国教育追踪调查（CEPS）

　　时间跨度：2013—2014 年基线调查

　　调查区域：从全国随机抽取了 28 个县级单位（县、区、市）作为调查点

　　分析单位与调查规模：学校、班级、学生、家长；以初中一年级（7 年级）和初中三年级（9 年级）两个同期群为调查起点，以学校为基础，在入选的县级单位随机抽取了 112 所学校、438 个班级进行调查，被抽中班级的学生全体入样，基线调查共调查了约 2 万名学生

　　主要调查项目：家庭教育、学校教育、学生认知能力等

　　研究主题：旨在揭示家庭、学校、社区以及宏观社会结构对于个人教育产出的影响，并进一步探究教育产出在个人生命历程中发生作用的过程

　　14. 中国宗教调查（CRS）

　　时间跨度：2012 年开始启动，2013—2015 年在全国开展问卷调查

　　调查区域：全国 31 个省、直辖市、自治区范围内的 243 个县、市、区的 4382 家宗教活动场

　　调查对象：包括各县、市、区的宗教主管部门的负责人和各宗教活动场所的负责人

主要调查项目：宗教活动、宗教信仰等

研究主题：旨在记录并解释中国宗教的现状与变迁，全面收集中国宗教不同层次的基础数据，综合反映中国社会转型时期的宗教发展状况

15. 其他常用的网络资源

中国人民大学中国调查与数据中心 http：//www. cssod. org/index. php9.

CDC（清华大学中国经济社会数据中心）http：//www. chinadatacenter. tsinghua. edu. cn/

数据服务社会学人类学中国网 http：//www. sachina. edu. cn/Index/datacenter/index. html

上海社科院社会调查中心 http：//www. sass. org. cn/sdy/singleArtshow. jsp? dinji = 329

中国统计数据（中国网）http：//www. china. com. cn/ch − company/index. htm

16. 国外常用数据库

CHIP：China Household Income Project

http：//www. ciser. cornell. edu/ASPs/search_ athena. asp?

CODEBOOK = ECON − 111（1995）&IDTITLE = 2064CHIP

中国家庭收入项目是中国社会科学院经济研究所收入分配课题组（李实、赵人伟老师主持；福特基金赞助）于 1988 年、1995 年和 2002 年，进行的全国调查中的中国农村和城市居民家庭收入分配调查得到的。1995 年的调查覆盖 19 个省（直辖市、自治区），调查了 6931 户城镇家庭和 7998 户农村家庭，分别涉及 21696 位城镇居民和 34739 位农村居民；2002 年的调查覆盖 22 个省（直辖市、自治区），调查了 6835 户城镇家庭和 9200 户农村家庭，分别涉及 20632 位城镇居民和 37969 位农村居民。

GSS：美国综合社会调查 http：//www3. norc. org/gss + website/

The GSS contains a standard ʿcoreʾ of demographic, behavioral, and attitudinal questions, plus topics of special interest. Many of the core questions have remained unchanged since 1972 to facilitate time − trend studies as well as replication of earlier findings. The GSS takes the pulse of America, and is a unique and valuable resource. It has tracked the opinions of Americans over the last four decades.

Health and Retirement Study （HRS） http：//hrsonline. isr. umich. edu/

The University of Michigan Health and Retirement Study （HRS） is a longitudinal panel study that surveys a representative sample of more than 26, 000 Americans over the age of 50 every two years. Supported by the National Institute on Aging （NIA U01AG009740） and the Social Security Administration， the HRS explores the changes in labor force participation and the health transitions that individuals undergo toward the end of their work lives and in the years that follow.

CPS （美国当前人口调查） http：//www. bls. gov/cps/

The Current Population Survey （CPS） is a monthly survey of households conducted by the Bureau of Census for the Bureau of Labor Statistics. It provides a comprehensive body of data on the labor force， employment， unemployment， persons not in the labor force， hours of work， earnings， and other demographic and labor force characteristics.

PSID （美国家庭经济动态调查） http：//psidonline. isr. umich. edu/The study began in 1968 with a nationally representative sample of over 18, 000 individuals living in 5, 000 families in the United States. Information on these individuals and their descendants has been collected continuously， including data covering employment， income， wealth， expenditures， health， marriage， childbearing， child development， philanthropy， education， and numerous other topics. The PSID is directed by faculty at the University of Michigan， and the data are available on this website without cost to researchers and analysts.

ESS （欧洲社会调查） http：//www. europeansocialsurvey. org/

The European Social Survey （ESS） is an academically driven cross – national survey that has been conducted every two years across Europe since 2001. Following an application to the European Commission which was submitted by the UK on behalf of 14 other countries， the ESS was awarded ERIC status on 30th November 2013. The Director of the ESS ERIC is Rory Fitzgerald and the ESS ERIC headquarters are at City University London. The survey measures the attitudes， beliefs and behaviour patterns of diverse populations in more than thirty nations.

BEPS （英国选举追踪调查） http：//www. crest. ox. ac. uk/intro. htm

The Centre for Research into Elections and Social Trends is a research centre jointly based at the National Centre for Social Research in London and the Department of Sociology, University of Oxford. CREST's work relies on the conduct and interpretation of high quality social surveys of the general public, designed to document and explain changing patterns of political and social attitudes, identities and behaviour. CREST was responsible for the 1983, 1987, 1992 and 1997 British Election Surveys and its members are closely involved with the British Social Attitudes surveys.

其他社会调查数据库：

BHPS（英国家庭追踪调查）http：//www. iser. essex. ac. uk/survey/bhps

BAS（英国社会态度调查）http：//www. natcen. ac. uk/

SSM（日本社会流动调查）http：//www. sal. tohoku. ac. jp/ ~ tsigeto/ssm/e. html

JGSS（日本基本社会调查）http：//jgss. daishodai. ac. jp/

第10章
结构方程 Mplus 操作示例

10.1 结构方程模型介绍

10.1.1 基本概念

结构方程模型分析（Structural Equation Modeling，SEM），也被称作"协方差结构分析（Covariance Structure Analysis）"，"隐变量分析（Latent Variable Analysis）"，是一种结合通经分析（Path Analysis），因子分析（Factor Analysis）及隐变量理论的多变量，多方程的统计分析方法。换而言之，通经分析，多元回归分析及因子分析可以理解成是结构方程分析的各种不同的特殊特殊形式。相对其他的统计方法而言，结构方程模型分析是一种自 20 世纪 60 年代才开始出现的新兴的统计分析手段，更确切地讲，SEM 是一种正在发展中的分析手段。目前结构方程模型分析主要用于社会科学、心理学医学科研领域，但最近几年中其在市场营销领域应用也在增加。

10.1.2 测量模型和结构模型

一个完整的结构方程模型需要包含两个方面：测量模型和结构模型。测量模型是指潜变量与显变量之间的额关系，结构模型是指潜变量之间的关系。下面以一个结构方程模型为例进行说明。

　　研究者为了研究 F1、F2 和 F3 的关系，而设计了一份问卷，调查 F1 的题目有三个：X1、X2、X3；调查 F2 的题目有三道：Y1、Y2、Y3；调查 F3 的题目有三个：Z1、Z2、Z3。

　　假设：

　　假设 1：F1 能够直接影响 F3

　　假设 2：F2 能够影响 F3

　　假设 3：F1 可以通过 F2 影响 F3

　　根据上述理论构想，可以构建如下的结构方程模型（如图 10 - 1 所示）：

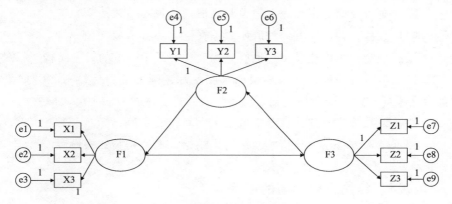

图 10 - 1　结构方程模型

　　在图 10 - 1 中，F1、F2、F3 为潜变量，X1—X3、Y1—Y3、Z1—Z3 为显变量，e1—e9 为误差变量。由 e1—e3、X1—X3 和 F1 构成的模型则是测量模型，由 F1、F2、F3 构成的则是结构模型。在进行假设检验之前，我们首先要通过 Amos 的"OutPut"了解模型的拟合度是否符合要求，当拟合度符合要求时，则可进行下一步的路径检验，如果模型的拟合度不符合要求，则需要对模型进行修正。在模型的拟合度符合要求之后，我们可以对 F1、F2、F3 之间的各条路径系数进行检验，如果系数具有显著意义，则认为该路径进行对应的假设处理。

　　假如上述模型的拟合度不符合要求，并且 F1→F3 的路径不显著，那么可以采用删除 F1→F3 路径的方法对模型进行修正。对修正后的模型进行分析，发现模型的拟合度较好，并且保留的路径系数均显著，此时我们就可以得到结果，并对假设进行验证。根据上述分析，我们组中得到的结果为：F1 对 F3 的直接影响不显著，F2 对 F3 的影响显著，F2 在 F1 和 F3 之间具有完全中介作用。也就是说，假设 1 不成立，假设 2 和假设 3 成立，并且 F2 在 F1 和 F3 之间具有完全中介效应。

如果上述模型的拟合度较好，并且各条路径系数均显著，那么就不需要对模型进行修正后，可以直接得到结果：F1 对 F3 具有显著影响，F2 对 F3 具有显著影响，F2 在 F1 和 F3 之间具有部分中介作用。也就是：假设 1、2、3 均成立。此时，我们还需要使用标准路径系数计算自变量对因变量的效应值，假设 F1→F2 的标准路径系数为 a，F2→的标准路径系数为 b，F1→F3 的标准路径系数为 c。

10.1.3　结构方程模型分析步骤

1. 需要对研究的内容有一个完整并且清晰的观念性架构。
2. 收集数据，并建立有效的原始数据文件（不能有缺失值）。
3. 根据理论构想构建模型，也就是构建类似图 10 - 1 的模型结构。
4. 模型拟合度检验，如果模型拟合度良好，则可进行后续分析，如果模型拟合度不好，则需要对模型进行修正，直到拟合度符合表 10 - 1 的要求。
5. 路径系数检验，并计算各个潜变量之间的效应值。
6. 根据结构方程模型分析的结果得出结论，也就是验证假设。

10.1.4　结构方程模型的应用

结构方程模型最主要的应用就是分析多变量（≥3 个）之间的关系，进行变量的中介效应检验。除此之外，还可以用来进行多群组的关系分析（可用来进行调节效应分析）。另外，研究者也常用测量模型进行问卷的效度分析（主要是验证性因素分析）。

10.2　处理结构方程的软件

10.2.1　Mplus 介绍

10.2.2　操作环境建立

Mplus 操作环境与模型建立

程序集→所有程序→Mplus→Mplus Editor

或者在桌面点击 Mplus icon 图标两下

开启 Mplus 程序，如图 10 - 2 所示。

New→Mplus→Language Generator→SEM

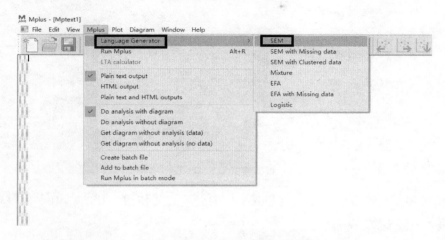

图 10 - 2　开启 Mplus 程序对话框

题目 TITLE（如图 10 - 3 所示）。

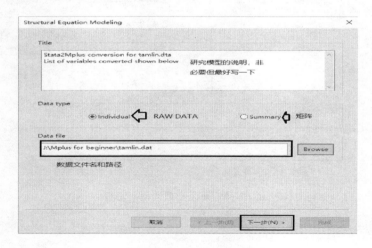

图 10 - 3　题目 TITLE

数据格式设定 DATA FORMAT（如图 10 - 4 所示）。

图 10 – 4　数据格式设定 DATA FORMAT

　　可用变量选取（不是所有导入文件的变量都要使用）USEVARIABLE LIST（如图 10 – 5 所示）。

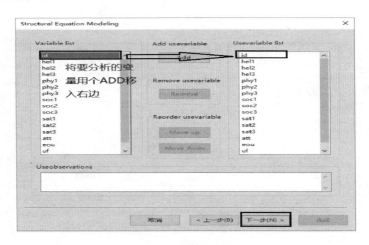

图 10 – 5　可用变量选取对话框

变量设定 VARIABLE NAMES（如图 10 – 6 所示）。

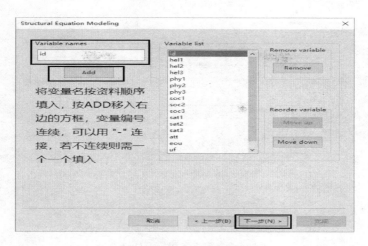

图 10 - 6　变量设定对话框

特定变量设定（如图 10 - 7 所示）。

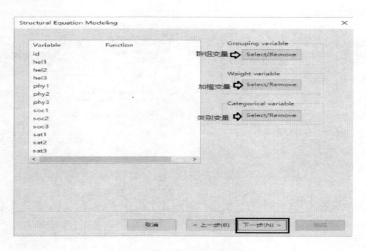

图 10 - 7　特定变量设定

结构方程模型估计选项 STRUCTURE MODEL ESTIMATROS，估计方法迭代次数收敛标准等（如图 10 - 8 所示）。

图 10 - 8　结构方程模型估计选项

输出选项 OUTPUT OPTIONS（如图 10 - 9 所示）。

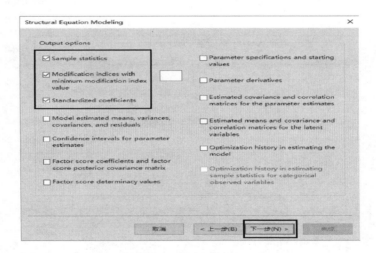

图 10 - 9　输出选项对话框

数据保存选项 SAVEDATAOPTIONS（如图 10 - 10 所示）。

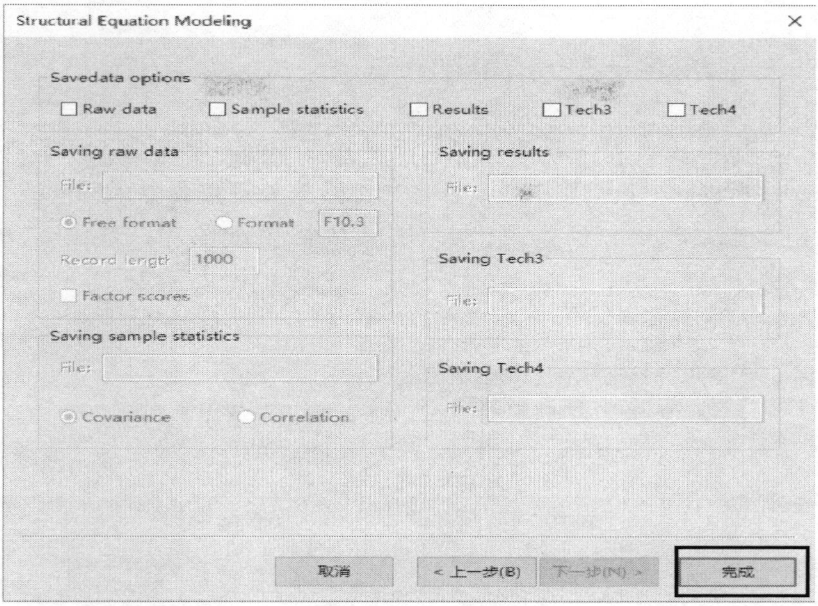

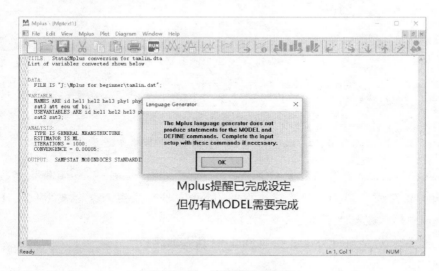

图 10 – 10　数据保存选项

产生语法 LANGUAGE GENERATOR（如图 10 – 11 所示）。

图 10 – 11　产生语法对话框

　　但是这种下拉菜单方法不是所有使用者都习惯，接下来会提供或许更为简单的方法。

10.2.3　数据导入

由于 Mplus 没有太多数据处理功能，并且 Mplus 仅接受 *.dat，*.csv 或 *.txt。所以，一般需要在其他软件中把数据处理好再导入 Mplus 中，这里介绍如何从 Stata 数据格式转成 Mplus 数据（如图 10 – 12、图 10 – 13 所示）。

```
.  stata2mplus using tamlin1
Looks like this was a success.
To convert the file to mplus, start mplus and run
the file tamlin1.inp
```

图 10 – 12　数据经由 Stata 转换命令

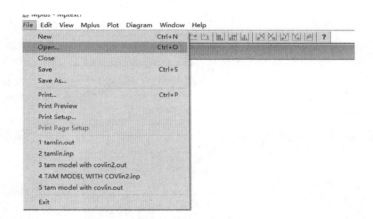

图 10 – 13　Mplus 打开文件的下拉菜单界面

已经在 Stata 打开的数据，使用命令 Stata2mplus using filename 即可生成一个 dat 文件和一个 Mplus 能够执行的 Input 文件。注意，这个数据仅用于在 Mplus 中提示数据位置和需要调用的变量。

要注意这个 tamlin1.inp 和 lamlin.dat 所在的路径。

打开 Mplus

然后呈现出（如图 10 – 14 所示）：

```
M  Mplus - [tamlin1.inp]
   File  Edit  View  Mplus  Plot  Diagram  Window  Help

Title:
    Stata2Mplus conversion for tamlin1.dta
    List of variables converted shown below

id  : ID
hel1 : HEL1
hel2 : HEL2
hel3 : HEL3
phy1 : PHY1
phy2 : PHY2
phy3 : PHY3
soc1 : SOC1
soc2 : SOC2
soc3 : SOC3
sat1 : SAT1
sat2 : SAT2
sat3 : SAT3
att : ATT
eou : EOU
uf  : UF
bi  : BI

Data:
    File is tamlin1.dat ;
Variable:
    Names are
        id hel1 hel2 hel3 phy1 phy2 phy3 soc1 soc2 soc3 sat1 sat2 sat3 att
        eou uf bi;
    Missing are all (-9999) ;
Analysis:
    Type = basic ;
```

图 10 - 14　Stata 转换导出的 inp 文件

需要在这个引导文件中补充自己的运行程序。

10.2.4　Mplus 基本命令模块

如图 10 - 15 所示，Mplus 需要有数据（Data）、变量（Variable）、模型（Model）、分析方法（Analysis）和输出（Output）五个模块。

```
Data:
    File is tamlin.dat ;
Variable:
    Names are
        id hel1 hel2 hel3 phy1 phy2 phy3 soc1 soc2 soc3 sat1 sat2 sat3 att
        eou uf bi;
    USEVARIABLE ARE id hel1 hel2 hel3 phy1 phy2 phy3 soc1 soc2 soc3 sat1 sat2 sat3;
    Missing are all (-9999) ;
MODEL:
    !MEASUREMENT MODEL
    HEALTH BY HEL1 HEL2 HEL3;!健康由自评健康、认知能力和疾病程度构成
    PHYAC BY PHY1 PHY2 PHY3; !身体活动由重体力活动、中等体力活动和休闲活动构成
        SOCAC BY SOC1 SOC2 SOC3; !社会活动由社交、半志愿活动和有组织志愿活动构成
        SAT BY SAT1 SAT2 SAT3; !自评幸福感由自评幸福感，和子女关系自评以及和配偶关系自评构成

    !STRUCTURAL MODEL
    socac ON phyac;           ! 社交由身体活动影响
    health ON phyac socac;    ! 健康由社交和身体活动影响
    sat ON health socac;      ! 自评幸福由健康和社会活动影响

ANALYSIS:
    TYPE IS GENERAL;
    ESTIMATOR IS ML; !使用极大似然估计

OUTPUT: SAMPSTAT STDYX; !样本统计和变量标准化
```

图 10 - 15　Mplus 完整语法呈现

这里有可用变量的添加、模型的选择、包括测量模型和结构方程模型的指令。还有分析的方法以及输出的内容都需要指定。

10.3   Mplus 语法指令

10.3.1   Mplus 语法指令

在 Mplus 中，各个模块规定了语法指令。

1. DATA

File － 文件名及所在位置

Type － type of data file

Nobservations － number of observations（样本数）（当数据输入为协方差或相关矩阵时使用）

Ngroups － number of groups

Variances － check for zero variances

Individual －原始数据（raw data）

Covariance － 下三角协方差矩阵

Correlation － 下三角相关矩阵

Fullcov － 对称协方差矩阵

Fullcorr － 对称相关矩阵

Means －平均数

Stdeviations － 标准偏差

当分析数据为协方差（相关）矩阵时，nobservations 是必要的。

2. VARIABLE

列出数据中的所有变量名称，需要按照顺序

Names are Item1，Item2，Item3

"－"表编号连续，如 Item1－Item10

Names － 数据中所有变量的名称

Useobservations － 选择观察值

Usevariables － 分析的变量

Missing – 遗漏值表示（任何数字或点或星号或空白）ex：missing are all（–999）

3. MODEL

描述模型变量（构面）之间的关系

观察或潜变量

内生或外生变量

模型设定以 BY，ON，WITH

测量模型用 BY：CONSTRUCT BY ITEMS

结构模型用 ON：Y ON X1 X2 …

潜在构面变量（残差）相关 WITH：

ITEM1 WITH ITEM2

BY – （"measured by"）

测量模型的回归关系（X BY Y）（XY）

定义潜变量是连续变量

ON – （"Y regressed on X"）

描述结构模型的关系（Y ON X）

潜变量可以是类别的也可以是连续变量

WITH – （"correlated with"）

观察（潜在）变量之间的相关/共变

4. ANALYSIS

TYPE 及 ESTIMATOR 是最重要的两个指令

ITERATIONS：迭代次数

CONVERGENCE：收敛标准

模型不估计平均值

INFORMATION = EXPECTED；

MODEL = NOMEANSTRUCTURE；

ML – maximum likelihood

MLM – maximum likelihood, robust standard errors, & mean adjusted chi – square test statistic. AKA：S – B X2 修正数据非常态

MLMV – maximum likelihood, robust standard errors & mean and variance adjusted chi – square test statistic

MLR – maximum likelihood with robust standard errors

MLF － maximum likelihood w/ first order derivative standard errors

WLS － weighted least squares AKA ADF

WLSM － weighted least squares，robust standard errors，& mean adjusted chi － square test statistic

WLSMV － weighted least squares，robust standard errors，& mean and variance adjusted chi － square test statistic（观察变量为类别变量或顺序尺度时使用）（软件内定）

GLS － Generalized Least Squares

ULS － Unweighted Least Squares

ANALYSIS TYPE

Mixture

混合模型（Mixture Modeling）

Twolevel

多层次模型（Multilevel Modeling）

EFA

探索式因素分析（Exploratory Factor Analysis）

Logistic

逻辑斯回归（Logistic Regression）

General －其他分析（Default）

5. OUTPUT

如果不写 Mplus 会依照内定输出报表

Sampstat － 样本统计量

Modindices － 修正指标

Standardized －三种标准化系数及 R2

Residual －研究模型与样本之间的差异

Cinterval － 90%，95% 及 99% 信赖区间

10.3.2　使用 MPLUS 进行结构方程分析的一些注意事项

1. 关于 SEM 样本数需求，经验法则为每个预测变量用 15 个样本（James Stevens，1996）。

Bentler and Chou（1987）提出样本数至少为估计参数的 5 倍（在符合常

态，无遗漏值及极端值下），否则要 15 倍的样本数。Loehlin（1992）提出，一个有 2—4 个因素的模型，至少 100 个样本，200 个更好。小样本容易导致收敛失败、不适当的解（违犯估计）、低估参数估计值及错误的标准误。

2. Mplus 软件注意事项：

数据文件只能是 *.csv 或 *.dat 或 *.txt；

数据文件必须建立在外部档案（数据内容不可以有文字，即不可以有变量名称）；

除遗漏值，数据本身必须是以数字呈现；

遗漏值可以是"空格"，"."，"–99"等；

变量名称在语法中需另外呈现；

Mplus 变量最大限制 ≤500 个；

Mplus 观察值最多 5000 笔；

数据格式为 individual level data（raw data）or summary data（协方差/相关矩阵），individual level data 可以是固定（fix）格式也可以是自由（free）格式，summary data 只能是自由（free）格式；

Free format 必须以"，""空格"或"tab"隔开；

语法写完后只需按 RUN 即可；

Mplus 跟 Amos 一样缺乏数据管理能力，需在 SPSS、Stata 或 SAS 或 Excel 等先行处理。

数据转档。Mplus 仅接受 *.dat，*.csv 或 *.txt，数据可利用各种统计软件如 SPSS 或 Excel 利用另存新档，存成 *.dat 或 *.csv 或 *.txt。建议存成 *.csv，因为这种扩展名格式可以用 Excel 开启。或利用转文件软件 N2Mplus 等进行转档，本文中使用 Stata 进行转档。

10.4　结构方程分析结果

在结果中，首先需要观察模型拟合度。关于模型拟合度的指标有很多，这里列举主要指标（如表 10 – 1 所示）。

表 10 - 1　　　　　　　　　　　　模型拟合度的指标表

Model FIT	拟合优度		
INDEX	指数	CRITIRIA	标准
CHI – SQR	卡方	越小越好	
DF	自由度	越大越好	
CHI – SQR/DF	卡方/自由度	小于 5 大于 1	
CFI	比较拟合指数 comparative fit index	> 0.9	
TLI	Tucker – Lewis index	> 0.9	
GFI	拟合优度指数 goodness – of – fit index		
RMSEA	近似误差均方根 root – mean – square error of approximation	< 0.08	
SRMR	标准化残差均方根（standardized residual mean root	< 0.08	

例子中做出的结果为（如图 10 - 16 所示）：

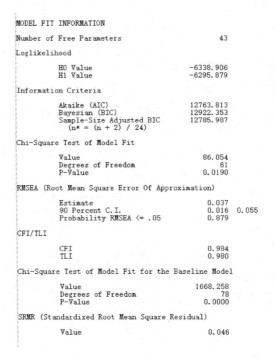

```
MODEL FIT INFORMATION

Number of Free Parameters                    43

Loglikelihood

        H0 Value                       -6338.906
        H1 Value                       -6295.879

Information Criteria

        Akaike (AIC)                   12763.813
        Bayesian (BIC)                 12922.353
        Sample-Size Adjusted BIC       12785.987
          (n* = (n + 2) / 24)

Chi-Square Test of Model Fit

        Value                             86.054
        Degrees of Freedom                    61
        P-Value                           0.0190

RMSEA (Root Mean Square Error Of Approximation)

        Estimate                           0.037
        90 Percent C.I.                    0.016   0.055
        Probability RMSEA <= .05           0.879

CFI/TLI

        CFI                                0.984
        TLI                                0.980

Chi-Square Test of Model Fit for the Baseline Model

        Value                           1668.258
        Degrees of Freedom                    78
        P-Value                           0.0000

SRMR (Standardized Root Mean Square Residual)

        Value                              0.046
```

图 10 - 16　模型拟合度结果图

大多数符合这些拟合指标的要求。注意，这些指标的判断标准来自一些论文，而关于这些指标的严格标准存在争议。

接下来是画一张结构方程的示意图，如图 10 – 17、图 10 – 18 所示。

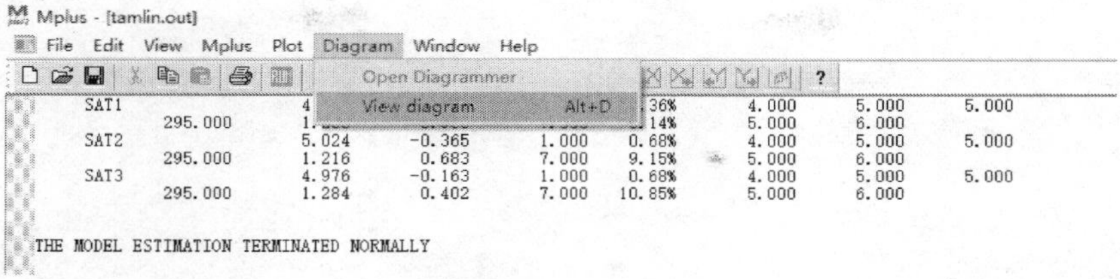

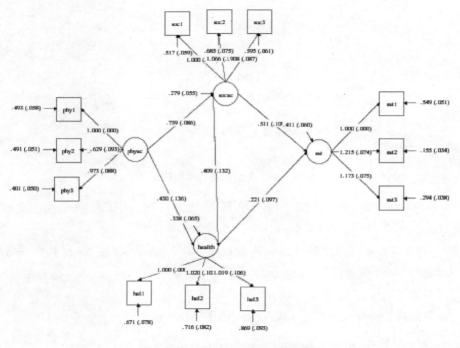

图 10 – 17　使用 Mplus 画结构方程示意图的操作

图 10 – 18　Mplus 结构方程示意图

注意，MPLUS 的图没有 AMOS（SPSS）中的美观，需要手动调整。

每一个图的元素（除了数字，都可以手动调整）。

接下来要查看完全标准化模型的系数和 P 值（如图 10 – 19 所示）。

```
STANDARDIZED MODEL RESULTS

STDYX Standardization

                                              Two-Tailed
                   Estimate    S.E.   Est./S.E.  P-Value

HEALTH    BY
    HEL1          0.722      0.039    18.510     0.000
    HEL2          0.717      0.039    18.324     0.000
    HEL3          0.683      0.041    16.652     0.000

PHYAC     BY
    PHY1          0.749      0.036    20.975     0.000
    PHY2          0.691      0.039    17.733     0.000
    PHY3          0.773      0.034    22.746     0.000

SOCAC     BY
    SOC1          0.744      0.035    21.183     0.000
    SOC2          0.718      0.037    19.342     0.000
    SOC3          0.686      0.039    17.660     0.000

SAT       BY
    SAT1          0.753      0.028    26.732     0.000
    SAT2          0.934      0.016    59.723     0.000
    SAT3          0.878      0.019    47.102     0.000

SOCAC     ON
    PHYAC         0.752      0.045    16.875     0.000

HEALTH    ON
    PHYAC         0.400      0.117     3.411     0.001
    SOCAC         0.383      0.118     3.239     0.001

SAT       ON
    HEALTH        0.222      0.095     2.347     0.019
    SOCAC         0.482      0.090     5.354     0.000

Means
    ID            1.738      0.092    18.841     0.000

Intercepts
    HEL1          3.947      0.173    22.867     0.000
```

图 10 - 19　完全标准化模型的结果

Estimate 就是相关系数（因子分析部分为载荷），因素负荷量（Factor loading）＞.7 ideal，＞.6 acceptable。

而 P - Value 则表示是否拒绝原假设。如果拒绝原假设，则表示相关系数（或载荷）统计显著。

变量平均值。

截距就是观察变量的平均值（如图 10 - 20 所示）。

```
Intercepts
    HEL1          3.947      0.173    22.867     0.000
    HEL2          4.601      0.198    23.219     0.000
    HEL3          3.829      0.168    22.786     0.000
    PHY1          4.792      0.206    23.297     0.000
    PHY2          5.265      0.224    23.459     0.000
    PHY3          5.180      0.221    23.433     0.000
    SOC1          4.657      0.200    23.242     0.000
    SOC2          3.998      0.175    22.899     0.000
    SOC3          4.740      0.204    23.276     0.000
    SAT1          4.352      0.188    23.101     0.000
    SAT2          4.555      0.196    23.198     0.000
    SAT3          4.391      0.190    23.121     0.000
```

图 10 - 20　模型的截距呈现

信度（如图 10 - 21 所示）

```
R-SQUARE

    Observed                                    Two-Tailed
    Variable       Estimate     S.E.   Est./S.E.  P-Value

    HEL1            0.521       0.056     9.255     0.000
    HEL2            0.515       0.056     9.162     0.000
    HEL3            0.466       0.056     8.326     0.000
    PHY1            0.561       0.053    10.487     0.000
    PHY2            0.477       0.054     8.867     0.000
    PHY3            0.598       0.053    11.373     0.000
    SOC1            0.554       0.052    10.592     0.000
    SOC2            0.516       0.053     9.671     0.000
    SOC3            0.471       0.053     8.830     0.000
    SAT1            0.567       0.042    13.366     0.000
    SAT2            0.873       0.029    29.861     0.000
    SAT3            0.771       0.033    23.551     0.000

    Latent                                      Two-Tailed
    Variable       Estimate     S.E.   Est./S.E.  P-Value

    HEALTH          0.537       0.064     8.385     0.000
    SOCAC           0.565       0.067     8.437     0.000
    SAT             0.429       0.055     7.840     0.000
```

图 10 – 21　信度结果

R – square 是因素负荷量的平方，又称为多元相关平方（Square Multiple Correlation，SMC） > . 5 ideal， > . 36 acceptable，又称为题目信度。

依据相关系数和 P 值即可做出初步的结构方程的结论表格。联合示意图可以完成基本的结构方程分析的呈现。

10.5　SEM 常用的名词

参数（parameter）：

带有「未知」与「估计」的特质。如没特别说明，一般指的是自由参数。

自由参数（free parameter）：

在 Mplus 所画的每一条线均是一个参数，除设为固定参数者外；

自由估计参数愈多，自由度（df）愈小。

固定参数（fix，constrain parameter）：

Mplus 图上被设定为 0 或 1 或任何数字的线，均是固定参数。

图上未连结的关系，Mplus 均设定为 0

观察变量（item，indicator，observed，measured or manifest variables）：

（在数据文件中的变量）

一般可以直接观察，并进行测量的变量，如年龄、体重、价格、所得等。

潜变量（dimension，latent，unobserved variables，factor or construct）：无法直接进行观测，需借由观察变量反映的变量，如信任、组织承诺等。

潜变量用来解释观察变量，潜变量之间的"因果关系"或"相关"则为研究的假设。

误差（Error or E）e1—e6

测量变量被估计后无法解释的方差。

干扰（Disturbance or D）：e7

潜变量经估计后无法解释的方差（如图 10 – 22 所示）。

误差 = 干扰 = 残差（residual）= 不可解释方差

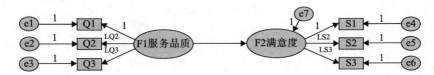

图 10 – 22　AMOS 实现的残差示意图

第 11 章
空间可视化

11.1　ArcGIS 初步——非地理信息在 ArcGIS 中的呈现

11.1.1　ArcGIS 简介

地理信息系统（Geographic Information System，GIS）是能提供存储、显示、分析地理数据功能的软件。主要包括数据输入与编辑、数据管理、数据操作以及数据显示和输出等。作为获取、处理、管理和分析地理空间数据的重要工具、技术和学科，得到了广泛关注和迅猛发展。从技术和应用的角度，GIS是解决空间问题的工具、方法和技术；从学科的角度，GIS 是在地理学、地图学、测量学和计算机科学等学科基础上发展起来的一门学科，具有独立的学科体系；从功能上，GIS 具有空间数据的获取、存储、显示、编辑、处理、分析、输出和应用等功能；从系统学的角度，GIS 具有一定结构和功能，是一个完整的系统。简而言之，GIS 是一个基于数据库管理系统（DBMS）的管理空间对象的信息系统，以地理数据为操作对象的空间分析功能是地理信息系统与其他信息系统的根本区别。

GIS = Geographic Information System （地理信息系统）

GIS = Geographic Information Science （地理信息科学）

GIS = Geographic Information Service （地理信息服务）

GIS = Geographic Information Software （地理信息软件）

　　随着数据可视化在学术领域越来越受到重视，社会网络分析、空间计量经济学以及公共卫生学等学科的学术论文越来越多地使用了 ArcGIS 等专业地图软件绘制的加入非地理信息的地图。其 3D 功能和绘制精度还有通用性也远高于其他软件。由于其普及程度越来越高，其在普通商务展示中的运用也会出现。所以，本章就讲解 ArcGIS 的一些基本操作。

　　调用 ArcGIS 非地理信息的方式有很多，如现在就可以通过 Stata 直接调用 ArcGIS 地理信息，然后合并其他非地理信息在 Stata 中直接作图。这里使用比较基本的方法，示例如何把 Excel 中的非地理信息添加到 ArcGIS 中。

11.1.2　通过 Excel 等软件把非地理信息导入 ArcGIS 中

　　首先使用 Stata 计算出需要的一些地区均值。

　　点击 Stata 表格左上角全选，复制（如图 11 – 1 所示）

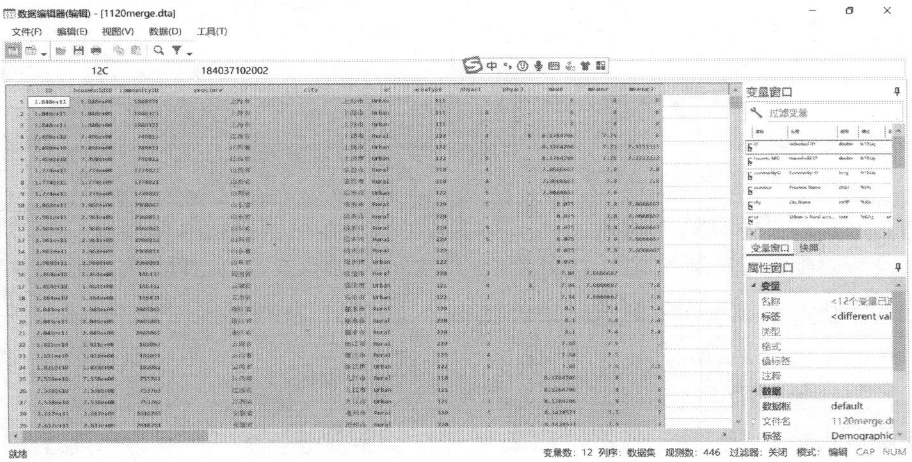

图 11 – 1　数据在 Stata 中的呈现图

　　新建一个 Excel 表格，粘贴到此 Excel 里（Sheet1）。如图 11 – 2 所示。

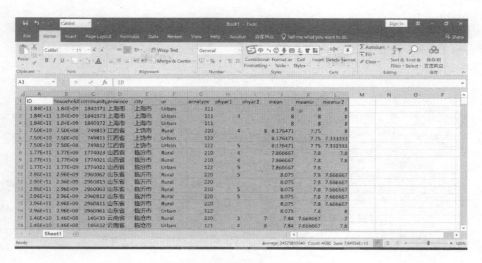

图 11 - 2　数据在 Excel 中的呈现图

点击【插入】中的【数据透视表】（如图 11 - 3 所示）。

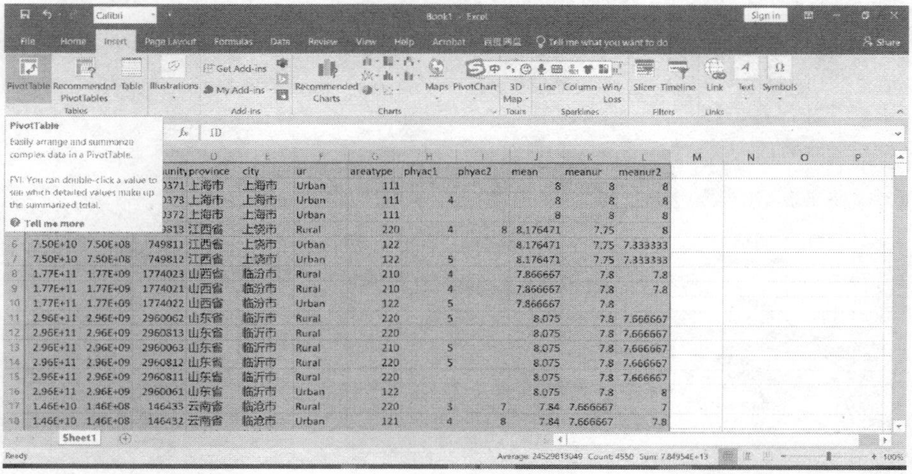

图 11 - 3　插入数据透视表操作 1

保留默认设置，点击【确定】（如图 11 - 4 所示）。

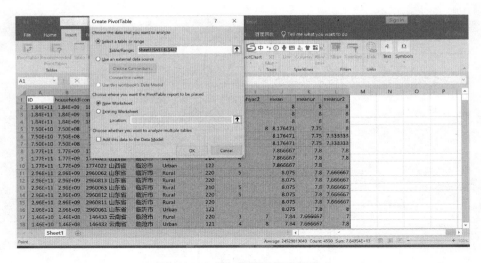

图 11-4　插入数据透视表操作 2

点击表格上的图，右面会弹出"数据透视表"（Sheet2）将【Province】字段拖到【行】内，将 mean 字段拖到"值"内，如图 11-5 所示。

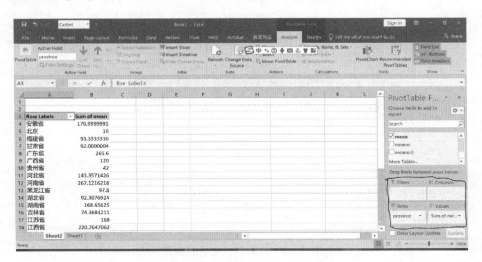

图 11-5　数据透视表"行""值"设置

将中间的部分复制，粘贴到新的"Sheet3"当中，粘贴选项设为【值】，把标题改为"省"，如图 11-6、图 11-7 所示。

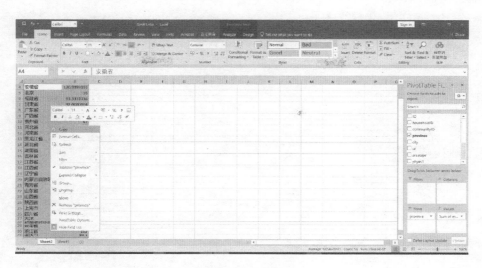

图 11 - 6　复制

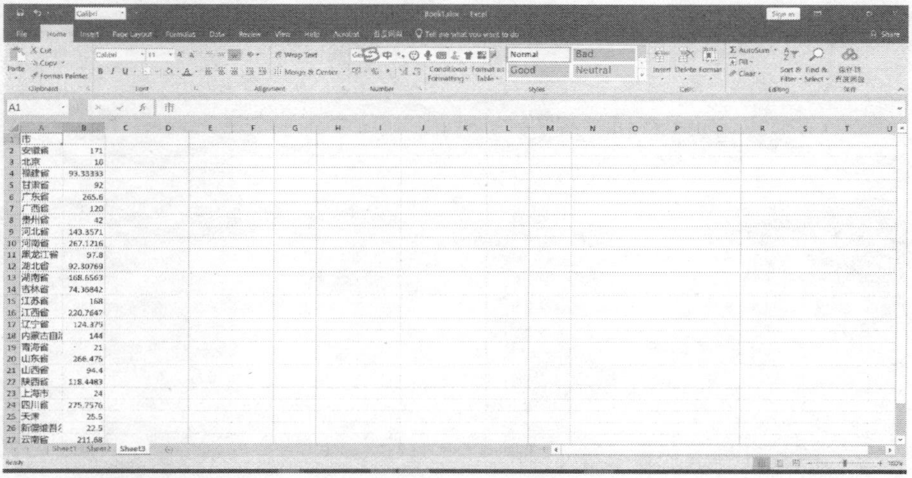

图 11 - 7　粘贴，添加标题

在 ArcMap 里打开属性表，点击右上角，点击添加字段，如图 11 - 8、图 11 - 9 所示。

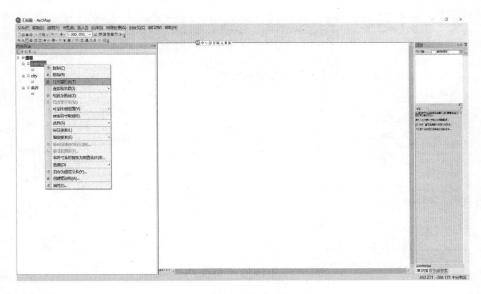

图 11 - 8　打开属性表

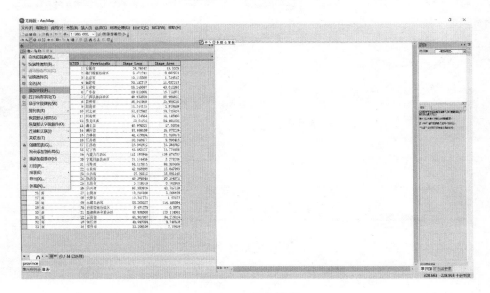

图 11 - 9　添加字段

将字段命名为 mean，类型设置为【双精度】，点击【确定】。如图 11 - 10 至图 11 - 12 所示。

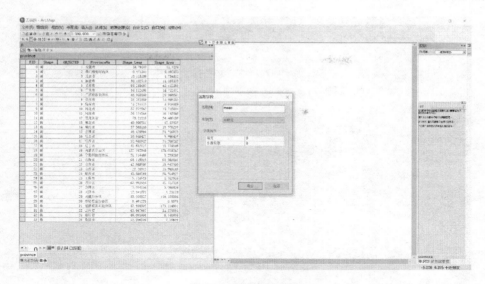

图 11 - 10　设置字段

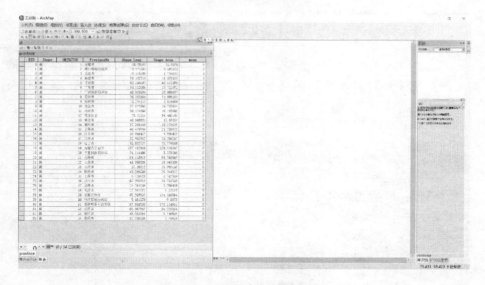

图 11 - 11　设置字段后图表呈现

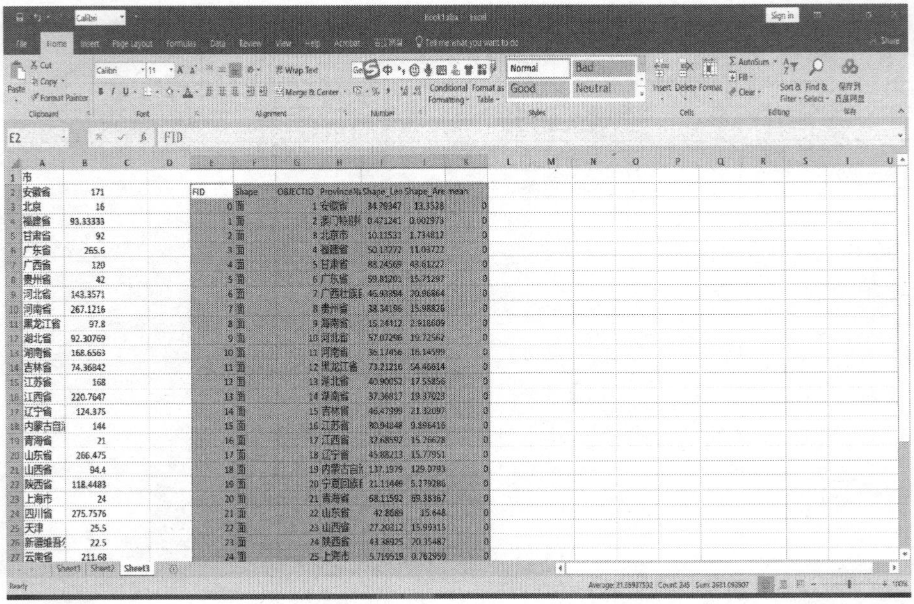

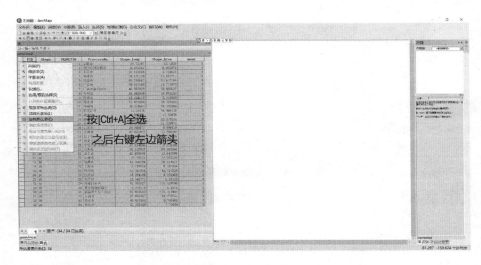

图 11 – 12　全选，复制

点击属性表上的任意一个格，然后用【Ctrl + A】全选，然后右键左侧的箭头，点击【复制所选项】回到 Excel，在 Sheet3 工作表中粘贴，删除其余的，只留 ProvinceNa。如图 11 – 13、图 11 – 14 所示。

按[Ctrl+A]全选
之后右键左边箭头

图 11 – 13　粘贴

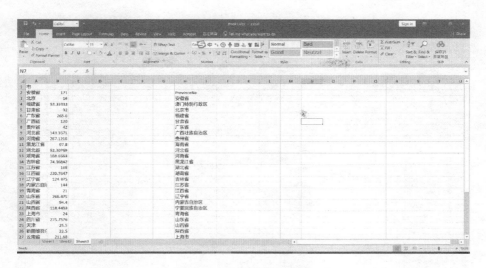

图 11－14　删除用不到的

在已经粘贴好的透视表的右侧空白处点击一个单元格，在这个单元格中输入公式"＝VLOOKUP"，首先选择透视表中的安徽省，逗号，再选择属性表中整个 ProvinceNa 列，并用 F4 锁定，逗号，再输入 1 即可，再逗号，最后在自动给出的选项中，选择精确匹配，回车。命令语句为：VLOOKUP（A2，＄H：＄H，1，FALSE），如图 11－15 所示。

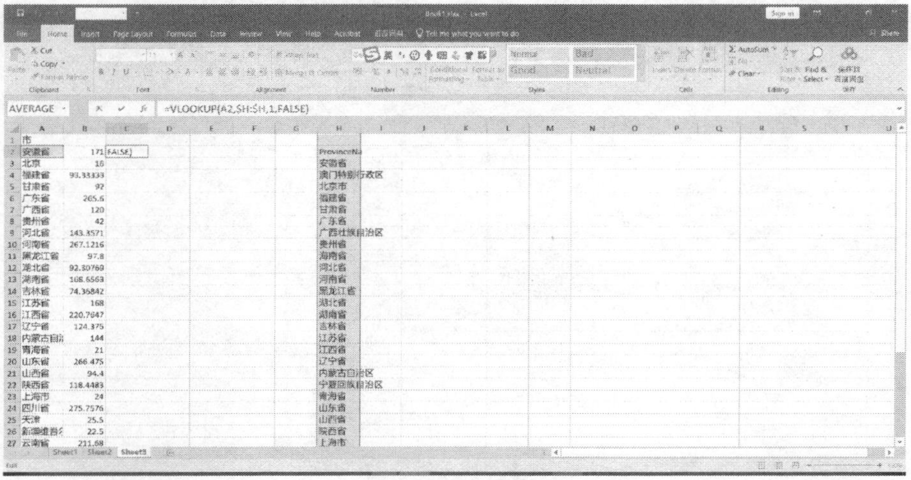

图 11－15　设置查找公式

之后双击匹配好的单元格 C2 右下角的自动填充。

将未匹配上的单元格适当修改（把直辖市后面加上"市"，把广西改成广西壮族自治区即可完成）。如图 11 – 16 所示。

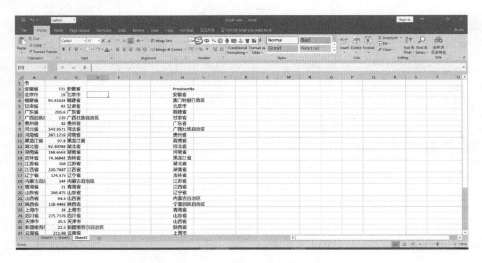

图 11 – 16　自动填充，调整

删除没有用的匹配列和 ProvinceNa。

保存为 xls 格式的文件，如图 11 – 17 所示。

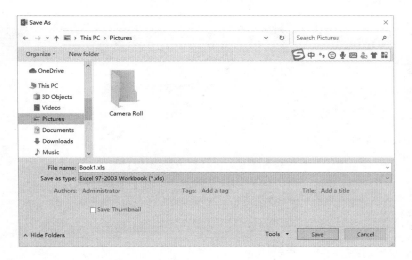

图 11 – 17　保存

回到 ArcMap，点击连接与关联，如图 11 – 18 所示。

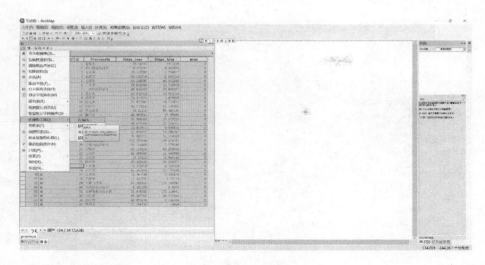

图 11 – 18　连接

选项一选【ProvinceNa】，选项二是找到刚才存好的 Excel 表格，选择 Sheet3，最后一个选项选"省"，点击【确定】，如图 11 – 19、图 11 – 20 所示。

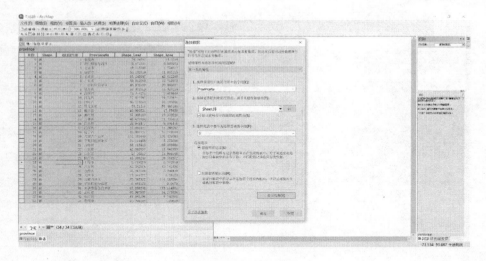

图 11 – 19　连接选项

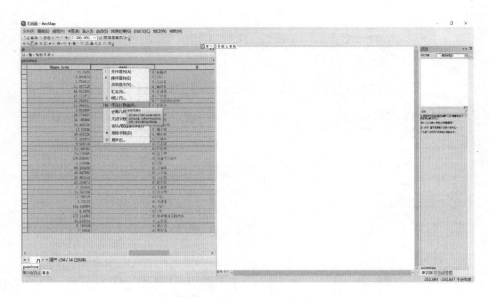

图 11 – 20　打开字段计算器

连接成功后，打开属性表，找到 mean 这一列，右键 mean，选择字段计算器，双击"sheet4 $ F2"，如图 11 – 21 所示。

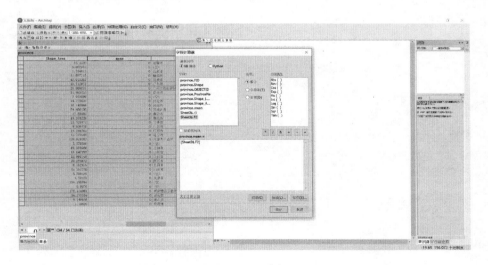

图 11 – 21　选择

点击【确定】，忽视所有警告，等待数据填充，完成后，移除连接，如图 11 – 22 所示。

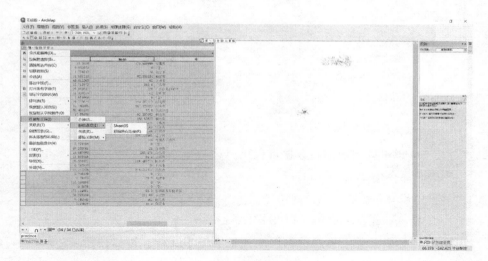

图 11 - 22　移除连接

成品（如图 11 - 23 所示）。

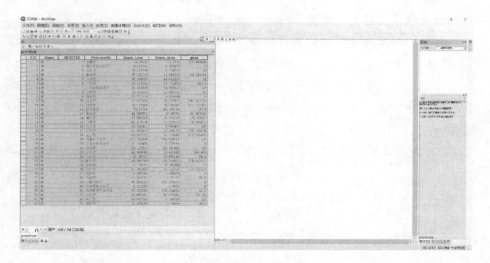

图 11 - 23　成品

11.2 Stata 中实现空间可视化和空间计量

由 Stata 也可以实现空间数据可视化。

Spmap 命令由 Maurizio Pisati 完成，主要用来完成空间数据的可视化，其具体步骤包括：

1. 安装 Spmap，shp2dta，以及 mif2dta 命令。

2. 查找你要在其上描述数据图表的地图图层文件，可以使用 ESRI shape-file。或 MapInfo 交换格式。

ESRIshapefile 是最为常见的类型。在这种格式下，一个地图文件包括三个必须的文本文件格式，即 . shp 的 shape 文件，. dbf 的 dBASE 文件，以及 . shx 的 index 文件，实际上只需要 . shp 和 . dbf 文件。

利用 shp2dta 命令将这些文件转换为 Stata 可以使用的文件，在这个过程中，创建了 2 个 . dta 文件，每个对应于 1 个文件。

＊MapInfo 交换文件由两个后缀分别为 . mif 和 . mid 的文件构成。可以使用 Mif2dta 命令对这些文件进行转换。和 shp2dta 命令类似，也是创建 2 个 . dta 数据文件。

3. 检查转换的 . dbf（. mid）文件。它是一个 . dta 数据文件，利用 use 命令。

检查数据文件，确定地图作者对目标地区的编号，如在一个数据库中，1 可能表示 Alaska，2 可能表示 Alabama；但在另一个数据库中，则 1 可能表示 Albania，2 可能表示 Argentina。

4. 将想要的数据显示在地图上。假设数据存在以 . dta 的形式存储，将你的数据采用与地图同样的位置代码，采用变量 id。

5. 将想要在地图上显示的数据，按照 id，Merge 转换成 dbf（. mid）。

6. 利用存储中的 Merged 数据，使用 spmap 作图。可以通过 Option 选项，告诉 spmap 其他转换的数据（坐标数据）。

步骤 1：获取并安装 Spmap，Shp2dta，和 Mif2dta 命令。

ssc install spmap

ssc intall shp2dta

ssc install mif2dta //使用较少,因为多数为 shp 格式数据。

＊这一步只需要执行一次。

步骤 2:寻找一个地图 (一个 ESRI shapefile 或 MapInfo 交换格式文件)。

＊. shp,给出坐标

＊. shx,给出索引

＊. dbf,给出代码

给出四个系列文件:

＊ s_ 06se12. dbf

＊ s_ 06se12_ shx

＊ s_ 06se12. prj

＊ s_ 06se12. shp

注意:只需要 s_ 06se12. shp 和 s_ 06se_ 12. dbf 两个文件。

步骤 3:对当前的数据利用 shp2dta 进行转换。

shp2dta using s_ 06se12, database (usdb) coordinates (uscoord) ///
　　genid (id) replace

注意:Options 的三个选项的各自含义:

database (usdb) 确定我们想要的数据库文件,命名为 usdb. dta。

coordinates (uscoord) 确定我们想要的坐标文件,命名为 uscoord. dta。

genid (id) 确定我们想要在 usdb. dta 文件中的 ID 变量,并命名为 id。

注意:在任何情况下,上述均产生两个 . dta 文件:usdb. dta 和 usco-ord. dta。

步骤 4:确定图形锁使用的编码。

use usdb,clear

ds

list id NAME in 1/5

下面展示离开图形的细节,假设我们想要将各州人口数据作图,我们有一个名为 stats. dta 的人口数据,包含自 1990 年的人口图形。

在我们的数据集中,我们利用不同的编码对各州进行标识,并加上其标识变量为 scode,为了实现这一目标,我们做出一个中间文件,称之为 trans. dta,其包含两个变量 scode 和 id,每个观测值记录相应编码。当创建 trans. dta 时,我们碰巧对 usdb. dta 进行更为仔细的观察。我们发现地图数据集不仅包含有关美国各州的信息，还包含有关地区的信息。我们忽略额外信息。

trans. dta 数据集仅记录了我们关心的 51 个观测值，每个州 + 华盛顿特区。

接下来，基于 scode，merge 数据集 stats. dta 和 trans. dta。

use stats

merge 1：1scode using trans

为了确保不存在问题，我们检验所有的观测值匹配情况（_ merge = =3），并删掉_ merge 变量：

drop _ merge（这和第 10 章的处理一样）。

步骤 5：合并数据集。

现在将 stats. dta 数据集与地图数据集 usdb. dta 进行合并，合并建立在 id 变量基础上。

merge 1：1 id usingusdb

去掉非必要的观测值。

drop if _ merge！ =3

步骤 6：作图。

spmap pop1990 using uscoord if id ！ =1 & id！ =56，id（id）fcolor（Blues）